非遗通草花
手工制作指南

U0176860

永不凋谢的花

爱林博悦　主编

珠珠通草花　编著

人民邮电出版社
北京

**图书在版编目（CIP）数据**

非遗通草花手工制作指南：永不凋谢的花 / 爱林博
悦主编；珠珠通草花编著. -- 北京：人民邮电出版社，
2024.7
ISBN 978-7-115-64115-1

Ⅰ．①非… Ⅱ．①爱… ②珠… Ⅲ．①人造花卉－手
工艺品－制作－指南 Ⅳ．①TS938.1-62

中国国家版本馆CIP数据核字(2024)第077471号

## 内 容 提 要

通草花是一种具有悠久历史和独特魅力的中国传统手工艺术。它以通草为原料，精心制作后便
可呈现出各种形态逼真、色彩斑斓的花朵。

本书是一本全面介绍通草花手工制作技巧的教学书，共分为七章。第一章详细介绍制作通草花
所需的工具和材料，包括各种造型工具、染色工具以及通草纸等材料，为读者提供购买的参考与指
导；第二章介绍通草花的基本制作工序；第三章详细讲解通草花的基础制作技巧，包括花瓣塑形、
花苞制作、花蕊制作，以及上色技巧等；第四章至第六章分别讲解6款通草花饰品、3款瓶插花枝和
3款花卉摆件的制作过程；第七章为各种精美的通草花作品欣赏，这些作品既展示了通草花的独特
魅力，又可为读者提供创作灵感。

本书讲解细致，图文并茂，适合对通草花制作感兴趣的读者阅读、参考。

◆ 主　　编　爱林博悦
　　编　　著　珠珠通草花
　　责任编辑　宋　倩
　　责任印制　周昇亮

◆ 人民邮电出版社出版发行　　北京市丰台区成寿寺路 11 号
　　邮编　100164　　电子邮件　315@ptpress.com.cn
　　网址　https://www.ptpress.com.cn
　　北京九天鸿程印刷有限责任公司印刷

◆ 开本：690×970　1/16
　　印张：10.5　　　　　　　　　　2024 年 7 月第 1 版
　　字数：269 千字　　　　　　　　2024 年 7 月北京第 1 次印刷

定价：69.80 元

读者服务热线：(010)81055296　印装质量热线：(010)81055316
反盗版热线：(010)81055315
广告经营许可证：京东市监广登字 20170147 号

# 写在前面

通草花，一个神秘而又美丽的名字，它的前世今生犹如一段绚烂的史诗，诉说着曾经的辉煌与沉寂，又展现出新的生机与未来。

走进通草花的世界，你会发现它的『前世』充满了传奇色彩。在古代，通草花因其独特的技艺和逼真的花朵效果而成为宫廷贵人的『宠儿』。据史书记载，通草花早在秦朝就已是宫廷用花。然而随着时代的变迁，这门技艺逐渐被人们所遗忘，面临失传的风险。

近年来，随着保护和传承非遗的兴起，通草花才重新进入人们的视线，其技艺也得到了新的发展，希望通草花在未来能够继续传承下去，为世人呈现出更多精美的作品。

朱欣

# 目录

第一章 通草花的制作工具与材料

通草纸 | 010

基础制作工具与材料 | 011

上色工具与材料 | 012

花枝材料 | 013

纹理模具 | 014

加固工具 | 014

花苞辅助材料 | 014

金属配件 | 015

其他装饰材料 | 015

第二章 通草花的基本制作工序

塑形 | 018

粘贴与上色 | 021

制作花蕊 | 023

制作花萼 | 026

第三章 通草花的基础制作技巧

通草纸湿润程度判断 | 030

花瓣塑形技巧 | 031

花苞制作技巧 | 033

花蕊制作技巧 | 034

叶片制作技巧 | 035

花枝制作技巧 | 036

上色技巧 | 038

组装及加固技巧 | 039

第四章 通草花饰品制作教程

杏花簪 | 043

梅花钗 | 052

樱花发梳 | 059

蔷薇发钗 | 066

月季发梳 | 073

绣球花胸针 | 083

第五章 通草花瓶插花枝制作教程

桂花 | 093

荷花 | 101

芍药 | 111

第六章 通草花花卉摆件制作教程

小雏菊摆件 | 123

露水玫瑰摆件 | 131

茶花相框摆件 | 137

第七章 通草花其他作品欣赏

—

通草纸

基础制作工具与材料

上色工具与材料

花枝材料

纹理模具

加固工具

花苞辅助材料

金属配件

其他装饰材料

一

第 一 章

◆

通草花的制作工具与材料

◆

# 通草纸

通草纸是一种特殊的纸张，以通脱木的树茎髓切割而成，形状大小有限，常见尺寸为两三个巴掌大小。这种纸张轻薄、半透明，表面有丝绒感，吸水性好。

通脱木截面特写

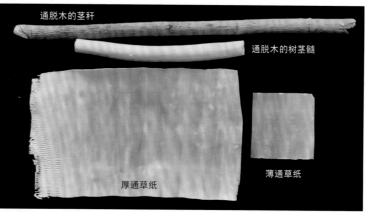

通脱木的茎秆

通脱木的树茎髓

厚通草纸

薄通草纸

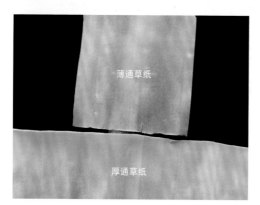

薄通草纸

厚通草纸

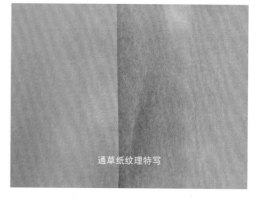

通草纸纹理特写

厚通草纸的优点在于其柔韧性较好，适合制作弧度较大的花瓣，例如菊花。薄通草纸的优点则是较为透明，适合制作轻薄的花瓣，例如樱花和海棠花等。然而，薄通草纸的缺点是容易碎裂。

通草纸具有特别细腻的纹理，这是其竖方向的纹理。在剪切花瓣和叶片时，需要按照纹理的方向进行剪切。这是因为通草纸能够拉伸的方向就是其纹理方向，而花瓣和叶片在塑形时也需要沿着这个方向进行。如果剪切方向错误，就会导致塑形困难，例如原本细长的花瓣可能会变成"矮胖"的花瓣。

**提示**

通草纸在湿润的环境中容易发霉。因此，在收到通草纸后，应将其放置在阴凉通风处晾干，然后平铺保存，避免挤压，以免压碎。在晾干过程中，切勿暴晒。

# 基础制作工具
# 与材料

初学通草花制作，不需要购买太多制作工具与材料，以下为基础的制作工具和材料。

**❶ 泡沫板**

用来固定通草纸，依据图纸刻花瓣和叶片。

**❷ 湿毛巾**

用来润湿通草纸。

**❸ 海绵垫**

用来固定、晾干花蕊、叶片等。

**❹ 分装盒**

用来装花粉、花瓣、颜料等。

**❺ 白乳胶**

用来粘花瓣、叶片等。

**❻ 花心套装**

用于制作花蕊。

**❼ 剪刀**

用来为花瓣、叶片等修形，剪各种材料。

**❽ 刻刀**

用来刻花瓣和叶片等。

**❾ 小丸棒**

为小型花瓣以及花萼塑形，例如桂花。

**❿ 大丸棒**

为花瓣塑形。

**⓫ 镊子**

用来夹花瓣、花心等。

**⓬ 竹划子**

用来划纹路。

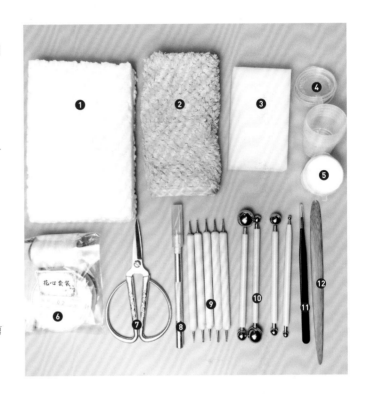

**花心套装详情**

蜡线、棉线等：用于制作花丝。

细铜丝：规格为0.2mm，用于缠绕蜡线、棉线，制作花丝。

黄色花粉：用制作好的花丝蘸取该粉末，制作花药。

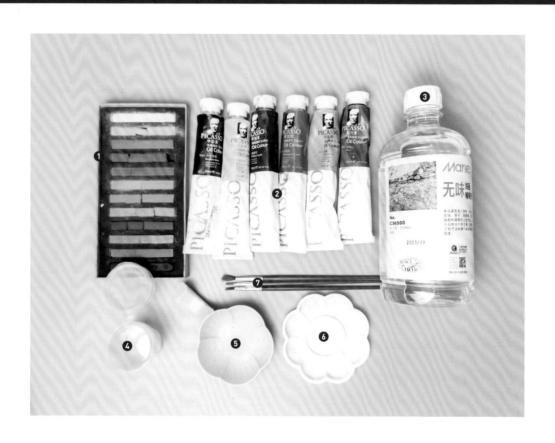

**❶ 色粉棒**

可做不同颜色的花粉，可给黏土花蕊、花苞等辅助添色。

**❷ 油画颜料**

为花朵、叶片上色。

**❸ 油画颜料稀释剂**

用于调和油画颜料。

**❹ 分装盒**

用于盛放油画颜料稀释剂、调色等。

**❺ 墨碟**

当需要调和大量颜料时，可使用墨碟。

**❻ 调色盘**

如需将多种颜料进行混合调和，可用调色盘分别调出单色，再少量多次蘸取各色混合调色。

**❼ 画笔**

调和颜料的工具，蘸取调和后的颜料进行上色。

# 花枝材料

制作花枝的材料包含3个部分，分别是主材料纸艺铁丝、包杆用的各种纸品和用于组装的QQ线。

**❶~❺ 纸品**

依次为无胶胶带纸、雪梨纸、卫生纸、餐巾纸和纸艺胶带，其作用都是包裹铁丝、制作花枝，一般较粗的主花枝会使用这些材料进行包杆。

**❻ QQ线**

缠绕固定花、叶以及配件等，在进行组装时使用。

**提示**

纸艺铁丝有3种款式，其中白色的纸包铁丝较细，多用于支撑叶片和花瓣；绿铁丝和普通铁丝较粗，多用于制作主花枝。

**❼ 纸艺铁丝**

有白色的纸包铁丝、绿铁丝，以及普通铁丝。

## 纹理模具

纹理模具有花瓣纹理模具、叶片纹理模具和花蕊纹理模具3种。购买这些模具时可以搜索"翻糖花卉纹理硅胶模具",再选购需要的模具。

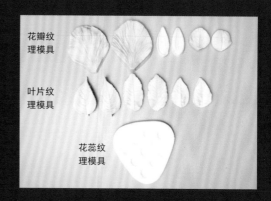

花瓣纹理模具

叶片纹理模具

花蕊纹理模具

## 加固工具

通草花制作完成后,可以在花瓣、花枝等部位滴上UV胶或甲油胶,然后使用紫外线灯进行固化,以加固通草花,使其便于长期保存。

**❶ 紫外线灯**
紫外线灯的照射可以加速UV胶和甲油胶的固化。

**❷ 甲油胶**
甲油胶的透明度、光泽度高于UV胶,一般制作水珠和小面积的固化会使用甲油胶。

**❸ UV胶**
干后较硬,一般用于发簪类仿真枝干加固。

## 花苞辅助材料

花苞辅助材料包括泡沫球和树脂黏土。购买泡沫球时,可以搜索"DIY泡沫球",并根据需求选择不同形状和大小的泡沫球。购买树脂黏土时,可以选择白色树脂黏土,然后用油画颜料来改变树脂黏土的颜色。

泡沫球          树脂黏土

## 金属配件

金属配件包括各种发梳、发簪、发夹、胸针等，将这些配件与通草花组合，可以制作出各种通草花配饰。

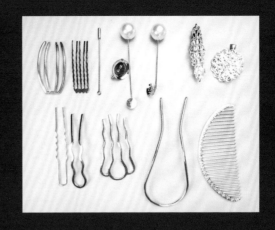

## 其他装饰材料

通草花可以用来制作各种精美的装饰品，其中最为常见的是将它们装裱在相框中或放置在玻璃罩中作为摆件。此外，还可以将通草花粘在扇子上，制作出华丽的手工扇。这些装饰品不仅美观，而且可以长时间保存。

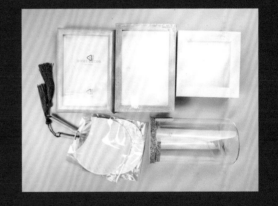

将通草花放置在玻璃罩中制作成摆件，可以在玻璃罩中营造出真实自然环境的效果，让整个摆件更加生动、逼真。

**❶ 草粉**
可以模拟苔藓，制作草地。

**❷ 小石子**
在用草粉制作的草地上散布一些小石子，以模拟自然环境。

**❸ 贝壳**
与小石子的用途相似。

**❹ 树脂玩偶**
在通草花的旁边摆放一些小动物，营造出一种互动的氛围。

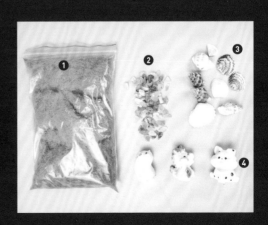

一

塑形
粘贴与上色
制作花蕊
制作花萼

第 二 章

·

通草花的基本制作工序

·

# 塑形 —

通草花的制作工序分为塑形、粘贴与上色、制作花蕊、制作花萼4个阶段。
塑形阶段包含制作模板、依据模板刻花瓣和叶片、花瓣和叶片的塑形。

## ◆ 制作模板

❶ 准备树叶、笔、剪刀、热缩片。

❷ 用热缩片盖住树叶,用笔在热缩片上画出树叶的轮廓和叶脉。

❸ 依据画好的轮廓把叶片模板剪下来。

**提示**

以上方法也可以用来制作花瓣模板,花瓣模板的制作方法和叶片相同。

## ◆ 依据模板刻花瓣和叶片

❶ 用球针把通草纸固定在泡沫板上。

❷ 把花瓣模板放在通草纸上,用刻刀刻出花瓣。

### 刻出的花瓣

刻叶片的方法与刻花瓣的方法相同,也可以用剪刀剪,下面介绍裁剪叶片的方法。

❶ 准备叶片模板、通草纸、剪刀和湿毛巾。

❷ 用湿毛巾润湿通草纸。

❸ 将叶片模板放在通草纸上,沿着模板剪下通草纸。

**提示**

修剪干燥的通草纸会出现毛边,所以要用湿毛巾润湿通草纸。

## ◆ 花瓣塑形

❶ 准备湿毛巾、剪好的花瓣、大丸棒和剪刀。

❷ 把花瓣润湿后用剪刀修剪一下。

❸ 将湿花瓣放在手心里,用大丸棒轻轻压一下。

❹ 根据需求塑形,此处只需让花瓣凹陷即可。

**提示**

通草纸太干,会压裂;通草纸太湿,不易塑形;如果把通草纸对折,不裂、不回弹,那么这个湿度就比较合适。

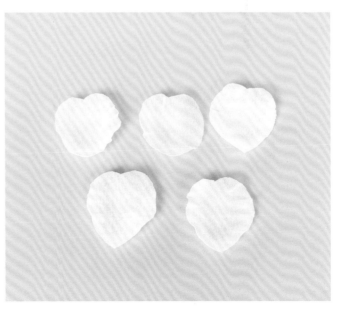

## ◆ 叶片塑形

❶ 准备纸艺铁丝、白乳胶、剪好的叶片、湿毛巾、牙签和剪刀。

❷ 用湿毛巾润湿叶片。

❸ 用牙签在叶片上划出叶脉。

❹ 在纸艺铁丝上涂抹白乳胶。

❺ 把纸艺铁丝粘在叶片上。

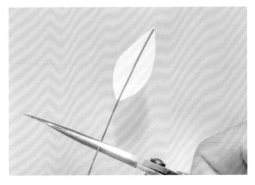

❻ 剪掉多余的纸艺铁丝。

❼ 根据实际需要弯曲纸艺铁丝。

# 粘贴与上色

## ◆ 花瓣的粘贴

❶ 准备宣纸、白乳胶、盖子、制作好的花瓣、牙签、大丸棒和剪刀。

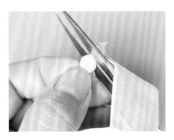

❷ 用宣纸剪出小圆片。

❸ 用白乳胶把小圆片粘在盖子上（只抹一点点白乳胶，方便后面拿下来）。

❹ 用花瓣尖的一头蘸取少量白乳胶。

❺ 将花瓣粘在小圆片上。

❻ 以顺时针的方向，一片压一片依次粘贴花瓣。

❼ 花瓣粘贴好后放一边晾干。等胶水干后，用大丸棒压一下中间，避免中间太厚。

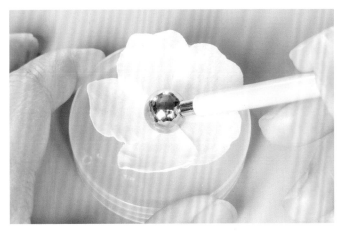

## ◆ 花瓣的上色

❶ 准备油画颜料、分装盒、油画
颜料稀释剂、滴管、画笔、球
针、粘贴好的花朵和牙签。

❷ 用牙签在花朵中间扎个洞。

❸ 用球针穿过花朵，方便用手拿
着上色。

❹ 用滴管吸取稀释剂并滴入分
装盒内。

❺ 少量多次蘸取颜料进行
调色。

❻ 用画笔把颜料和稀释剂搅拌
均匀。

❼ 用画笔蘸取颜料给花朵上色，正反两面都需上色。注意，颜料会沉
淀，需经常搅拌，避免上色不均匀。

❽ 上好色后放一边晾干。

### 提示

叶片的上色方法与花瓣的上色方法
相同。

# 制作花蕊

花蕊主要由花丝和花药组成，花丝用到的材料是棉线，花药用到的材料是粉笔，适合制作花药的材料还有色粉棒、建筑模型材料和海绵树粉等。

## ◆ 制作花丝

❶ 准备卡纸、棉线、黄色粉笔、碟子、细铜丝。

❷ 用棉线在卡纸上绕20圈（根据实际需要加减圈数）。

❸ 绕好后剪断。

❹ 把棉线一头放在细铜丝上。

❺ 先对折细铜丝，再对折棉线。

❻ 抓紧棉线。

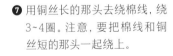

❼ 用铜丝长的那头去绕棉线，绕3~4圈。注意，要把棉线和铜丝短的那头一起绕上。

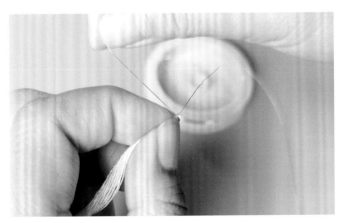

❽ 将两根细铜丝拧成麻花状。

❾ 剪掉多余的棉线和细铜丝。

◆ **制作花药**

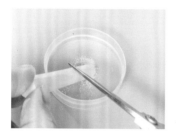

❶ 用刻刀、剪刀等工具把粉笔灰刮下来。

❷ 使花丝散开。

❸ 用花丝蘸取白乳胶。

❹ 继续用花丝蘸取粉笔灰。

**花药效果**

## ◆ 粘贴花蕊

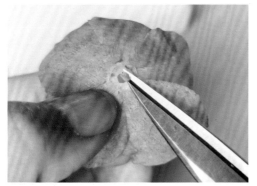

❶ 用剪刀在花朵中间剪一个小洞。

❷ 在花蕊根部抹上白乳胶。

❸ 以从花朵侧面看不到花蕊的铜丝为准,把花蕊插进花朵的洞里并粘贴固定。

# 制作花萼

花萼一般有离瓣与合瓣两种形态，离瓣花萼与叶片的制作方法相同，这里不再讲解。下面介绍合瓣花萼的制作方法。

❶ 准备压花器、硅胶垫、马克笔、小丸棒、大丸棒、湿毛巾、通草纸。

❷ 用压花器把通草纸压出花型。也可采用刻花瓣和剪叶片的方法。

❸ 用湿毛巾把花萼润湿。

❹ 用剪刀把花萼的毛边修剪掉。根据实际需要，修剪出花萼的具体形状。

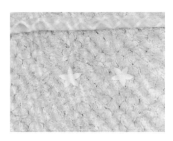

❺ 将修剪好的花萼放在湿毛巾上润湿。

❻ 用大丸棒压花萼塑形。

❼ 用小丸棒压花萼中间，继续塑形。

**花萼塑形效果**

**提示**

花萼的上色也可以使用花朵上色的方法，这里只是介绍一下其他上色方法。

❽ 用马克笔上色。

**花萼上色效果**

❾ 颜色干后，用牙签或其他尖锐物在花萼中间扎一个小洞。

❿ 把花朵穿进去，在花萼上抹上白乳胶。

⓫ 把花萼粘贴在花朵上。

以上为通草花的制作工序，不同品种的花卉制作细节有所区别，但整体工序相同。

一

通草纸湿润程度判断

花瓣塑形技巧

花苞制作技巧

花蕊制作技巧

叶片制作技巧

花枝制作技巧

上色技巧

组装及加固技巧

一

第 三 章

·

通草花的基础制作技巧

·

# 通草纸湿润程度判断

我们已经学习了通草花的制作工序和方法，在实际操作时，可能会遇到一些不尽如人意的情况。这时，问题可能不在于操作手法，而是有一些需要注意的细节和技巧。接下来将讲解在制作通草花时可能会遇到的一些问题及相应的解决方案。

在开始塑形之前，我们需要先将通草纸润湿。通草纸的湿润程度会直接影响到后期的塑形效果。因此，判断通草纸的湿润程度是否合适，是进行塑形的第一步。

## ◆ 通草纸太干

将润湿后的通草纸对折或者轻轻一压，如果通草纸裂开了，就表明通草纸过于干燥。

## ◆ 通草纸太湿

将润湿后的通草纸对折，如果通草纸立即回弹，或者无论如何也无法塑形，则说明通草纸过于湿润。

## ◆ 通草纸湿润程度合适

将润湿后的通草纸对折，如果没有裂开或回弹，则表明湿度刚刚好。

# 花瓣塑形技巧 一

花瓣的常见塑形方法有3种：丸棒塑形、手捏塑形和模具塑形。接下来介绍花瓣塑形技巧。

## ◆ 丸棒塑形

在使用丸棒为花瓣塑形时，需要注意以下两点。

1. 将润湿后的通草纸置于掌心，利用掌心的柔软度来形成花瓣的弧度。

2. 根据花瓣的弧度来选择合适的丸棒型号。一般来说，当花瓣弧度较小时，应使用大丸棒；而当花瓣弧度较大时，则应使用小丸棒。

大丸棒塑形方法及塑形效果

小丸棒塑形方法及塑形效果

## ◆ 手捏塑形

如果需要花瓣有许多褶皱，可使用手捏的方式塑形。先把花瓣捏在一起，再搓一搓，展开后就可得到有褶皱的花瓣。

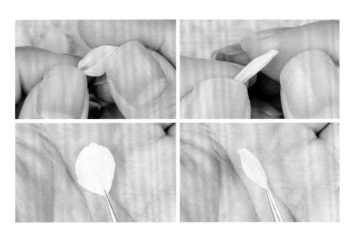

## ◆ 模具塑形

当花瓣既有弧度又有褶皱时，可以使用花瓣纹理模具塑形。需要注意的是，如果使用花瓣纹理模具压制花瓣时出现压裂的情况，可能是因为通草纸过于干燥，湿度不够，而非力度过大。

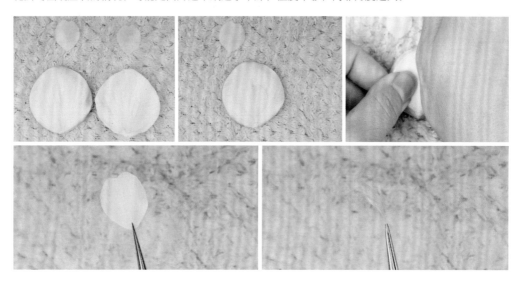

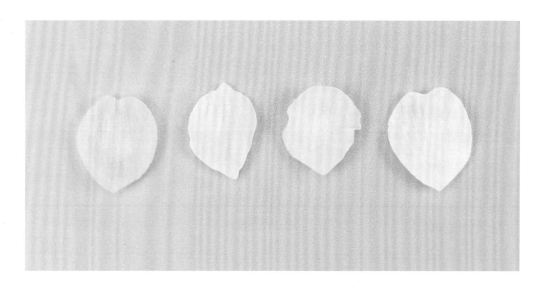

**提示**

塑形后的花瓣不能碰水受潮，否则会变形。

# 花苞制作技巧 —

花苞的常见制作方法有3种：使用通草纸自制花苞、使用黏土自制花苞、使用泡沫花心替代花苞。下面介绍花苞制作技巧。

## ◆ 使用通草纸自制花苞

使用通草纸自制花苞时，如果需制作一组花苞，花苞应有大有小，不要都一样大。

最大的花苞可以通过在原始花苞外面加花瓣制成。如果要做含苞待放的大花苞，可以再多加几层花瓣。

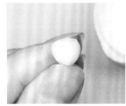

## ◆ 使用黏土自制花苞和使用泡沫花心替代花苞

使用泡沫花心和黏土制作花苞时，需要注意以下几点。

1. 常见的泡沫花心有水滴状和球状，且有大小之分，购买材料时可自行选择。

2. 如使用黏土自制花心，应使用树脂黏土。

3. 如使用以上材料做花苞，不能直接用，都需要在其外层粘贴花瓣。

4. 使用黏土做花苞时，需要在黏土完全干后再粘贴花瓣，以免黏土里的水分溢出，沾湿通草纸使花瓣变形。

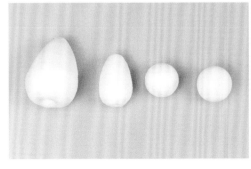

泡沫花心及树脂黏土

泡沫花心及粘贴花瓣并加花枝后的效果

# 花蕊制作技巧 ——

制作花蕊的材料通常有线和通草纸，下面分别介绍使用这两种材料制作花蕊的技巧。

## ◆ 使用线制作花蕊

制作花蕊的线有棉线和蜡线，下面介绍这两种材料的优缺点，大家可依据需求选择合适的材料。

棉线　　　　　　蜡线

**棉线**

优点：易上色。

缺点：线材软，不易塑造形状。

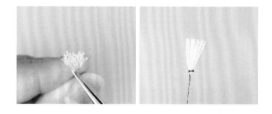

**蜡线**

优点：线材硬度高，易于塑造形状。使用蜡线制作的花蕊可以用镊子一根一根地扒开，形成放射状。蜡线通常用于制作放射型花蕊。

缺点:不易上色。

## ◆ 使用通草纸制作花蕊

把通草纸剪成细条状,可直接代替棉线或蜡线作为花蕊。

# 叶片制作技巧

制作叶片的纹理时，可使用竹划子刻画，也可以使用硅胶模具压制。

## ◆ 制作叶片纹理的方法

制作叶片纹理前需先润湿通草纸。使用竹划子画出的纹理效果比较实，使用硅胶模具压制的纹理比较虚，但自然。

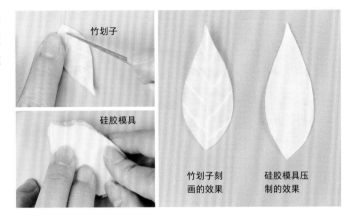

竹划子

硅胶模具

竹划子刻画的效果

硅胶模具压制的效果

## ◆ 再次塑形

画完纹路后，如果叶片已经干了，可以对着叶片哈一口气，然后进行塑形。不要将叶片放回湿毛巾上重新润湿，否则画好的纹路会消失。

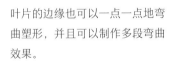

叶片的边缘也可以一点一点地弯曲塑形，并且可以制作多段弯曲效果。

竹划子的弯曲效果

硅胶模具的弯曲效果

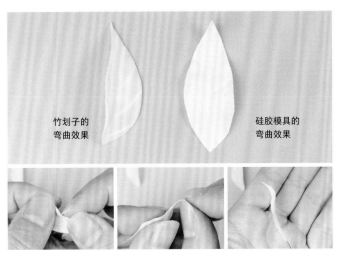

# 花枝制作技巧 —

主枝的主材料为绿铁丝，再用纸艺胶带、无胶胶带纸、条状卫生纸等各类纸条进行缠绕包裹。不同纸类适用于不同花枝，包杆时可依据花枝质感进行选择。

绿铁丝　无胶胶带纸　纸艺胶带　条状卫生纸

## ◆ 包杆材料的选择

无胶胶带纸表面光滑，适合做比较光滑的枝干。

纸艺胶带自带黏性，不易散开，表面有微小的凹凸起伏感，适合做树枝类的枝干。

条状卫生纸适合制作需要自己上色的枝干，或者用来给枝干加粗。

## ◆ 各材料的使用方法

用无胶胶带纸缠绕铁丝后，需在末端用白乳胶粘贴，最后再搓一搓。

纸艺胶带自带黏性，缠绕前先拉伸胶带，再缠绕铁丝，边拉边缠绕。

条状卫生纸的包杆方法与无胶胶带纸相同，条状卫生纸可以多缠绕几层，以制作较粗的花枝。

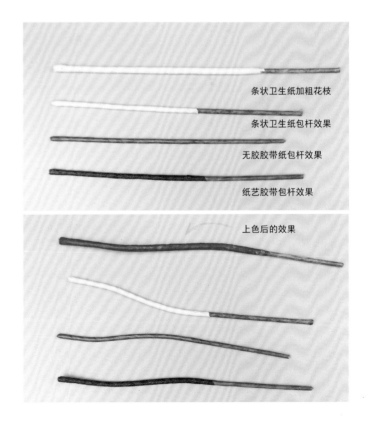

条状卫生纸加粗花枝

条状卫生纸包杆效果

无胶胶带纸包杆效果

纸艺胶带包杆效果

上色后的效果

# 上色技巧

通草纸塑形后不能碰水受潮,否则会变形。因此,为塑形后的花瓣和叶片上色时,通常使用油画颜料稀释剂调和油画颜料进行上色。当然,也可以选择用水调和水粉颜料提前为整张通草纸上色,然后再进行塑形。

接下来讨论使用油画颜料上色时最容易出现的问题:上渐变色时颜色断层严重。

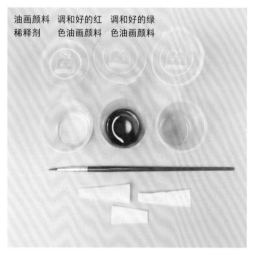

**上色前的准备**

使用油画颜料稀释剂调和所需颜料。注意,油画颜料稀释剂越多,颜色越浅。

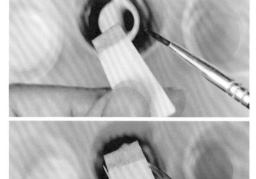

**错误的上色方法**

上完一种颜色后直接上另一种颜色,两种颜色严重断层。

**正确的上色方法**

上色之前先在两色交汇处涂上油画颜料稀释剂。每次蘸取颜料时,应先将颜料调和均匀,可先顺着一个方向将液体搅拌一下,再进行上色。

上完第一种颜色，用纸巾擦一下画笔，或者换支笔上另一种颜色。上好第二种颜色后，再从下面往上刷，在颜色交界处多刷刷，让颜色过渡均匀。

# 组装及加固技巧 ——

通草花的花叶可使用QQ线缠绕固定，这样方便后期对花枝进行造型。组装好的花与配件搭配时，也可以使用QQ线缠绕固定。

使用纸艺胶带缠绕花枝后，可在花枝表面涂一层UV胶，再用紫外线灯照干进行加固。这种加固后的花枝可以直接佩戴，适合制作簪子。

一

杏花簪

梅花钗

樱花发梳

蔷薇发钗

月季发梳

绣球花胸针

一

第四章

通草花饰品制作教程

通草纸质地柔和、色调秀雅，制作成通草花后可与真花媲美，被誉为"不谢之花"。在古代，通草花是女子点缀青丝的头饰之一。

◆ 绣球花发梳

◆ 大丽花发钗

◆ 铃木花簪

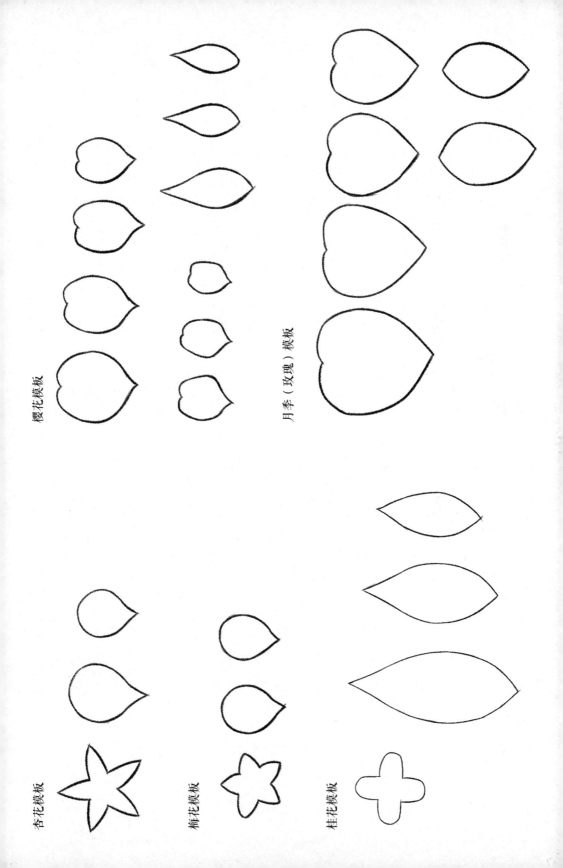

櫻花模板

月季（玫瑰）模板

杏花模板

梅花模板

桂花模板

荷花模板

芍药模板

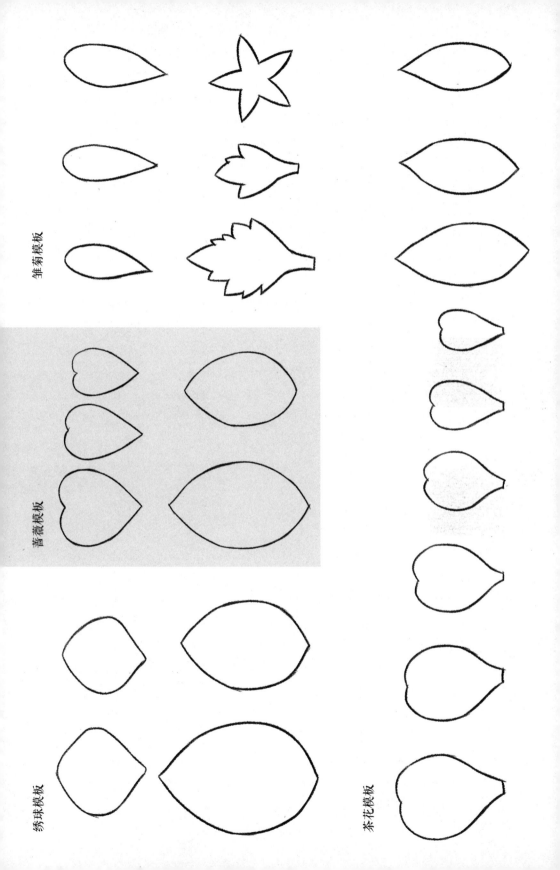

雏菊模板

蔷薇模板

绣球模板

茶花模板

杏花簪

# 制作准备

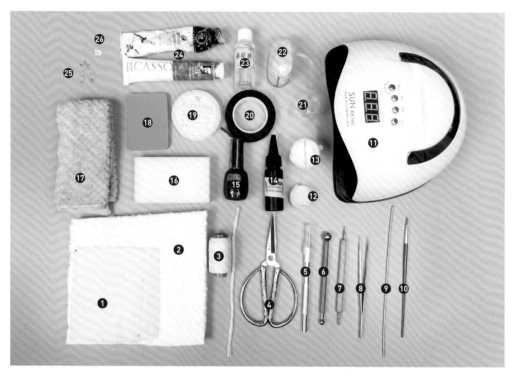

- ❶ 通草纸和球针
- ❷ 泡沫垫
- ❸ 棉线
- ❹ 剪刀
- ❺ 刻刀
- ❻ 大丸棒
- ❼ 小丸棒
- ❽ 镊子
- ❾ 粗铁丝
- ❿ 画笔
- ⓫ 紫外线灯
- ⓬ 花粉 (粉笔末)
- ⓭ 白乳胶
- ⓮ UV胶
- ⓯ 透明甲油胶
- ⓰ 海绵垫
- ⓱ 湿毛巾
- ⓲ 硅胶垫
- ⓳ 0.2mm铜丝
- ⓴ 棕色纸艺胶带
- ㉑ 分装盒
- ㉒ 压花器
- ㉓ 油画颜料稀释剂
- ㉔ 油画颜料
- ㉕ 花瓣和花萼模板
- ㉖ 宣纸小圆片

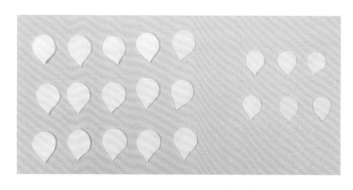

## 提示

准备3朵花和1个花苞的花瓣。
1朵花需要5片大花瓣,1个花苞需要
6片小花瓣。

# 制作步骤

◆ **花瓣塑形与粘贴花朵**

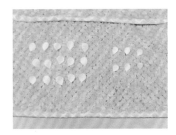

❶ 用湿毛巾润湿花瓣。

❷ 把湿润的花瓣放入掌心,用丸棒的大头端压大花瓣,用小头端压小花瓣。

大花瓣塑形效果

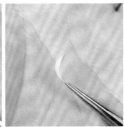

小花瓣塑形效果

**提示**

大花瓣和小花瓣的弧度效果有所区别,大花瓣的弧度平缓些,小花瓣的弧度圆润些。

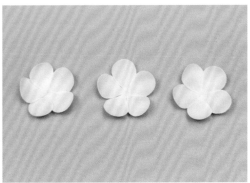

❸ 参考第二章"花瓣的粘贴"内容,用大花瓣粘贴出3朵花。

## ◆ 制作花苞

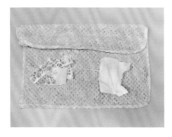  

❹ 用湿毛巾润湿一些碎通草纸和大块通草纸。　　❺ 把碎通草纸团紧，用大块通草纸包起来，包成球状。

❻ 用铜丝扎好，剪掉下端多余的通草纸，再用铜丝固定，最后将下方的铜丝拧成麻花状。

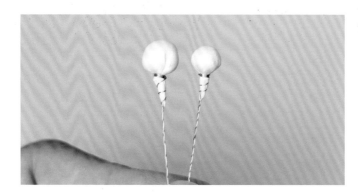

**提示**

使用相同的方法做一大一小两个花苞，大花苞需粘花瓣，小花苞不需粘花瓣。

❼ 在花苞上涂满白乳胶，用小花瓣包住花苞上面部分，顺着一个方向，花瓣一片压一片贴3片。

❽ 在花苞下方贴3片花瓣。

## ◆ 制作花蕊

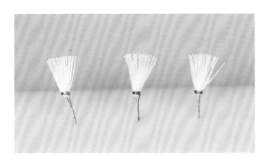

**提示**

参考第二章 "制作花蕊" 和 "制作花萼" 的教程步骤，准备3个花蕊和5片花萼。

## ◆ 上色

❾ 在分装盒中倒入少量油画颜料稀释剂，将少量大红色的油画颜料加至稀释剂中并调均匀。

❿ 用画笔蘸取颜料并点在花蕊根部，让颜色自然晕染。

⓫ 用画笔为花苞整体上色。

⓬ 为花朵正反面上色。

**提示**

上色完成后，把花蕊、花苞、花朵插在海绵垫上晾干。

⓭ 在刚才调和的颜色中加入大红色和少量黑色，调出深红色，为花萼上色。

◆ 粘贴花蕊和花萼

⓮ 用剪刀在花朵中间剪一个小洞，在花蕊根部涂上白乳胶。

⓯ 把花蕊粘好。

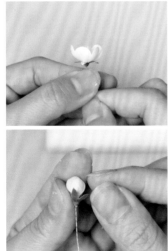

⓰ 把花萼粘好。

## ◆ 加固花瓣

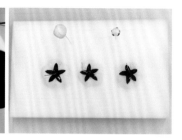

**⑰** 在花朵背面涂上甲油胶, 用紫外线灯照干。

## ◆ 组装杏花簪

**⑱** 将纸艺胶带拉扯一下, 让它有黏性, 把粗铁丝放到纸艺胶带的一半处, 先包裹2~3层再把纸艺胶带下折, 继续向下包裹粗铁丝。

**⑲** 向下依次加入花苞和花朵并缠绕紧实。

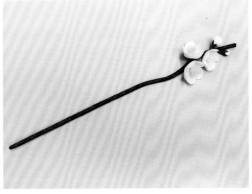

❷⓿ 把粗铁丝稍微掰弯,调整出花枝的造型。

❷❶ 在花枝上涂UV胶,用紫外线
灯照干。

梅花钗

# 制作准备

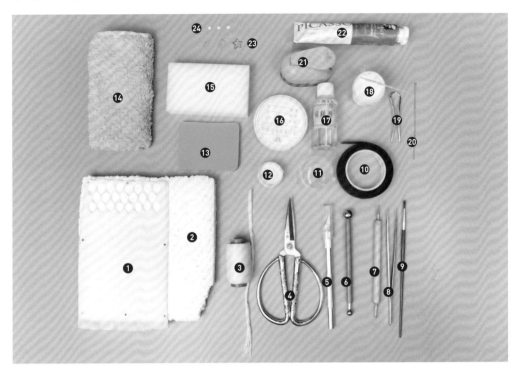

① 通草纸和球针
② 泡沫垫
③ 棉线
④ 剪刀
⑤ 刻刀
⑥ 大丸棒
⑦ 小丸棒
⑧ 镊子

⑨ 画笔
⑩ 棕色纸艺胶带
⑪ 分装盒
⑫ 花粉（粉笔末）
⑬ 硅胶垫
⑭ 湿毛巾
⑮ 海绵垫
⑯ 0.2mm铜丝

⑰ 油画颜料稀释剂
⑱ 白乳胶
⑲ 发钗配件
⑳ 细铁丝
㉑ 压花器
㉒ 绿色油画颜料
㉓ 梅花花瓣模板
㉔ 宣纸小圆片

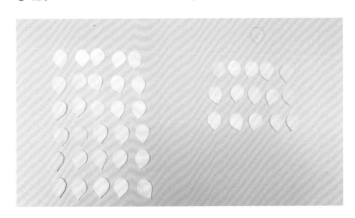

## 提示

准备3朵花的花瓣。
每朵花3层，每层5片花瓣，其中大花
瓣2层，小花瓣1层。

# 制作步骤

## ◆ 花瓣塑形

❶ 把刻好的花瓣放在湿毛巾上润湿,修剪花瓣边缘的毛边。

❷ 用大丸棒给花瓣塑形。

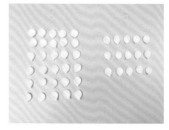

花瓣塑形后的正面效果　　　　花瓣塑形后的侧面效果　　　　所有花瓣塑形后的效果

## ◆ 粘贴花瓣

❸ 粘贴梅花的3层花瓣时,由外向内逐层粘贴。第一层粘贴大花瓣,粘好后晾干胶水。

**提示**

等白乳胶晾干后,用丸棒压实中间区域,使该区域变薄。
之后每粘贴完一层花瓣,都需重复该步骤。

❹ 第二层依旧使用大花瓣,第二层花瓣与第一层花瓣错位粘贴。

❺ 晾干白乳胶之后用丸棒压实中间区域。

❻ 第三层使用小花瓣,同理,需与第二层花瓣错位粘贴。

❼ 压实中间区域。

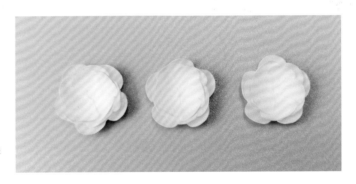

**提示**

用相同的方法制作出另外两朵梅花。

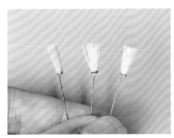  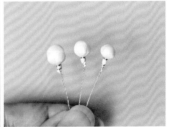

**提示**

参考第二章"制作花蕊"和"制作花萼"的教程步骤,准备3个花蕊和5片花萼;再参考杏花簪的制作步骤,准备3朵花苞。

## ◆ 制作花蕊

❽ 拿出3个小圆片, 用小丸棒在花蕊中间压一下。

❾ 把小圆片粘在花蕊中间, 并用小丸棒压实。

  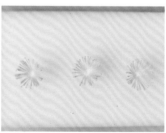

❿ 用花丝顶端去蘸白乳胶, 再蘸花粉, 花蕊制作完成后插入海绵垫晾干。

## ◆ 上色

⓫ 在分装盒中倒入少量油画颜料稀释剂, 加入少量颜料, 用画笔搅拌均匀。

⓬ 用画笔给花苞整体上色，花蕊和花朵只需在中间
点上颜料，让颜料自然晕染。

### ◆ 粘贴花蕊

⓭ 用剪刀在花朵中间剪个小洞。

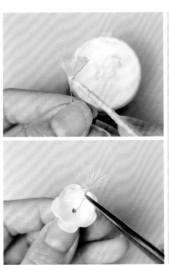

⓮ 在花蕊根部涂抹白乳胶，将花蕊由上至下穿过小洞。

◆ **粘贴花萼**

❶❺ 把花朵和花苞由上至下穿过花萼。在花萼内侧涂抹白乳胶, 再与花苞和花朵粘贴。

◆ **组装梅花钗**

❶❻ 参考杏花簪的组装方法完成梅花枝的组装。

❶❼ 用纸艺胶带先在发钗上绕2~3圈, 再把花枝绕在一起。

櫻花发梳

# 制作准备

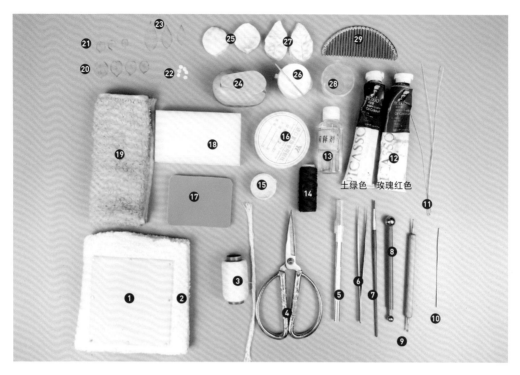

1. 通草纸和球针
2. 泡沫垫
3. 棉线
4. 剪刀
5. 刻刀
6. 镊子
7. 画笔
8. 大丸棒
9. 小丸棒
10. 细铁丝

11. 纸艺铁丝
12. 油画颜料
13. 油画颜料稀释剂
14. QQ线
15. 花粉（粉笔末）
16. 0.2mm铜丝
17. 硅胶垫
18. 海绵垫
19. 湿毛巾
20. 大花花瓣模板

21. 小花花瓣模板
22. 宣纸小圆片
23. 叶片模板
24. 压花器
25. 樱花花瓣纹理模具
26. 白乳胶
27. 樱花叶片纹理模具
28. 分装盒
29. 发梳配件

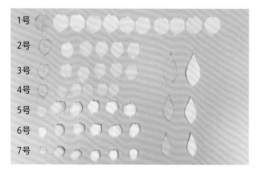

1号
2号
3号
4号
5号
6号
7号

## 提示

大花1朵：需准备1号花瓣10片，2~4号花瓣各5片。

小花5朵：5~7号花瓣各25片。

叶片：大、中、小各1片。

# 制作步骤

## ◆ 花瓣和叶片塑形

❶ 用湿毛巾润湿花瓣，再用花瓣纹理模具把湿润的花瓣压出纹理。

❷ 把压出纹理的花瓣放在掌心，用丸棒压出花瓣的弧度。

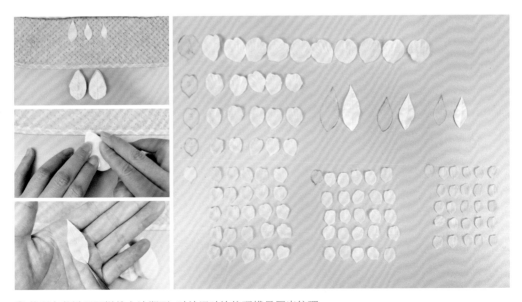

❸ 将所有花瓣用同样的方法塑形，叶片用叶片纹理模具压出纹理。

## ◆ 粘贴大花

❹ 取10片1号花瓣，5片为一层，贴出两层。

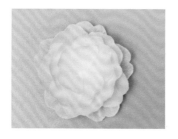

❺ 依次粘贴2~4号花瓣，贴好之后总共5层。

## ◆ 粘贴小花

❻ 小花的花瓣分3层，由5~7号花瓣依次粘贴。完成5朵小花的粘贴。

## ◆ 粘贴叶片

❼ 在纸艺铁丝上涂抹白乳胶，贴在叶片背面主叶脉处，微微调整叶片的造型。

## ◆ 上色

❽ 准备上色的颜料和工具,花朵上色使用玫瑰红,叶片上色使用土绿。在调色时,花朵的颜色浅,需加大量稀释剂和少量颜料;而叶片颜色深,颜料的用量更多。

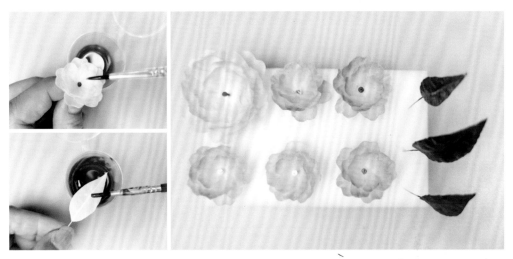

❾ 为花朵和叶片上色,上色时要两面均匀上色。上色完成后把花朵和叶片插在海绵垫上晾干。

## ◆ 粘贴花蕊和花萼

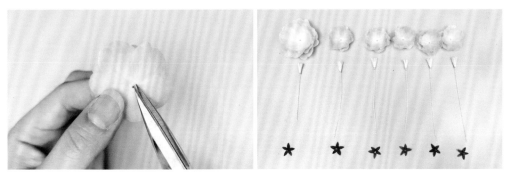

❿ 等花朵晾干之后,取出球针,用剪刀修剪圆点。参考第二章的内容准备花蕊和花萼,花蕊的铜丝需预留得长一些。

⓫ 先用白乳胶粘贴好花蕊,再粘贴花萼。

◆ **组装樱花发梳**

⓬ 用QQ线在花蕊的铜丝上打个结,往下缠绕铜丝,收尾处打结固定。

⓭ 用QQ线缠绕细铁丝, 铁丝顶端弯曲对折, 再两根并一根继续缠绕。

⓮ 陆续把叶片和花朵一起缠绕起来, 花朵和叶片的排列应由小到大。

⓯ 把花枝的结尾处与发梳绑定, 花枝的前端也绑定一下, 避免花枝晃动。

蔷薇发钗

# 制作准备

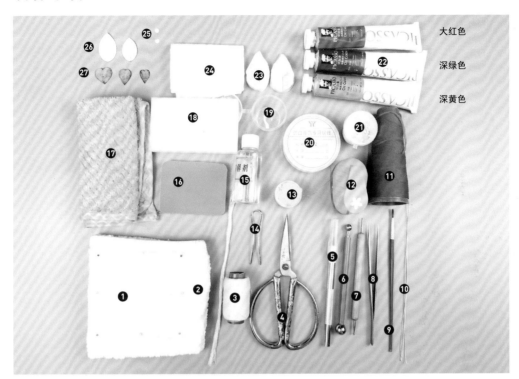

大红色

深绿色

深黄色

**①** 通草纸和球针　　　**⑩** 纸艺铁丝　　　　　**⑲** 分装盒

**②** 泡沫垫　　　　　　**⑪** QQ线　　　　　　　**⑳** 0.2mm铜丝

**③** 棉线　　　　　　　**⑫** 压花器　　　　　　**㉑** 白乳胶

**④** 剪刀　　　　　　　**⑬** 花粉（粉笔末）　　**㉒** 油画颜料

**⑤** 刻刀　　　　　　　**⑭** 发钗配件　　　　　**㉓** 叶片纹理模具

**⑥** 大丸棒　　　　　　**⑮** 油画颜料稀释剂　　**㉔** 餐巾纸

**⑦** 小丸棒　　　　　　**⑯** 硅胶垫　　　　　　**㉕** 宣纸小圆片

**⑧** 镊子　　　　　　　**⑰** 湿毛巾　　　　　　**㉖** 叶片模板

**⑨** 画笔　　　　　　　**⑱** 海绵垫　　　　　　**㉗** 花瓣模板

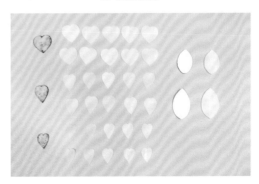

## 提示

准备2朵花的花瓣。

每朵花分大、中、小3层，每层5片花瓣，共做2朵花。

准备大小不同的2片叶片。

# 制作步骤

## ◆ 花瓣和叶片塑形

❶ 把花瓣放在湿毛巾上润湿，再放到手心用大丸棒压一下，然后用手指把花瓣的两个"耳朵"往外卷一点点。

❷ 先把叶片放在湿毛巾上润湿，再放入叶片纹理模具中压出纹理。

❸ 在叶片边缘用剪刀剪出蔷薇花叶片的锯齿。

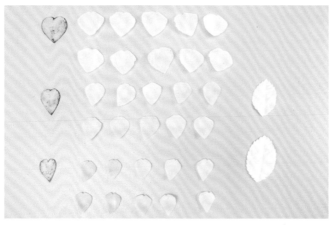

所有花瓣和叶片塑形后的效果

### ◆ 粘贴花瓣和叶片

❹ 把宣纸小圆片放在桌面上, 由大号花瓣开始粘贴, 粘贴花瓣时可以按照顺时针方向依次粘贴。

❺ 依次粘贴中号和小号花瓣。注意, 每层花瓣的位置都需要错开。

❻ 在纸艺铁丝上抹上白乳胶, 对齐叶片背面的主叶脉粘贴。

## 提示

花蕊和花萼的制作，以及花朵和叶片的上色，可以参考第二章的相关内容。

花蕊

花萼

花朵和叶片上色

## ◆ 粘贴花蕊和花萼

❼ 依次粘贴花蕊和花萼。粘贴花蕊时，在花蕊根部涂抹白乳胶，再由上至下穿过花朵中心。粘贴花萼时，在其内侧涂抹白乳胶，再穿过铜丝固定在花朵底部。

## ◆ 制作球状花托

❽ 取一张餐巾纸，对折之后剪出长条，取一层条状餐巾纸，在一端涂抹白乳胶，由花萼底端开始缠绕粘贴。

  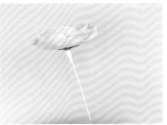

❾ 花萼底端多绕几层条状餐巾纸，绕出球状之后再往下缠绕，收尾处用白乳胶粘贴。

❿ 用油画颜料稀释剂调和深绿
色油画颜料，为餐巾纸上色。

◆ **组装蔷薇钗**

⓫ 确定叶片与花朵组装的位置，用QQ线打结固定再往下缠绕，往下添加叶片并继续往下缠绕QQ线。

⓬ 往下加入花朵，注意弯曲花枝，调整花枝的造型。最后剪掉多余的铜丝和纸艺铁丝。

⓭ 把花枝固定在发钗上，继续缠绕QQ线，结尾处打结固定。

月季发梳

# 制作准备

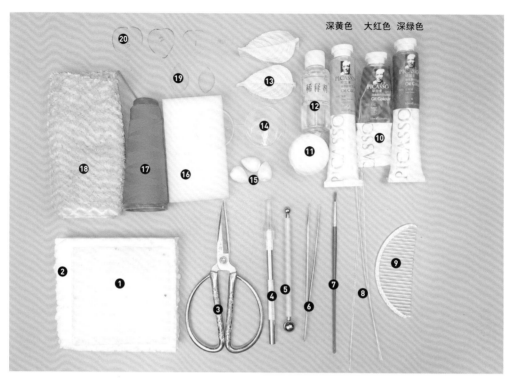

深黄色　大红色　深绿色

❶ 通草纸和球针
❷ 泡沫垫
❸ 剪刀
❹ 刻刀
❺ 大丸棒
❻ 镊子
❼ 画笔

❽ 纸艺铁丝
❾ 发梳配件
❿ 油画颜料
⓫ 白乳胶
⓬ 油画颜料稀释剂
⓭ 叶片纹理模具
⓮ 分装盒

⓯ 月季花泡沫花心
⓰ 海绵垫
⓱ QQ线
⓲ 湿毛巾
⓳ 叶片模板
⓴ 花瓣模板

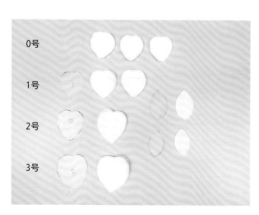

0号

1号

2号

3号

## 提示

0号模板: 15片花瓣。
1号模板: 10片花瓣。
2号模板: 5片花瓣。
3号模板: 5片花瓣。
大、小叶片各1片。
花瓣用量如下。
小花苞: 0号花瓣5片。
大花苞: 0号花瓣5片, 1号花瓣5片。
大花: 0号花瓣5片, 1号花瓣5片, 2号花瓣5片, 3号花瓣5片。

# 制作步骤

## ◆ 花瓣塑形

❶ 用湿毛巾润湿花瓣。挑出0号花瓣，把0号花瓣放在掌心，用大丸棒对花瓣塑形。

❷ 在0号花瓣塑形的基础上，为1~3号花瓣塑形。先用大丸棒塑形，再用手指把花瓣顶部向外卷，并注意分左右两侧进行这一操作。

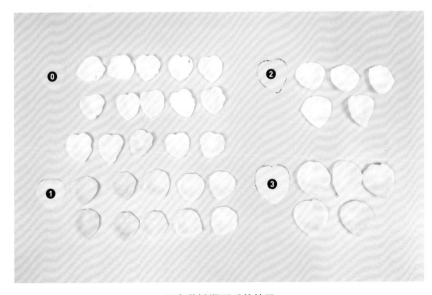

所有花瓣塑形后的效果

## ◆ 固定泡沫花心

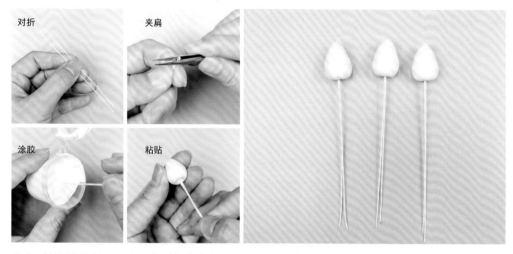

对折　　夹扁

涂胶　　粘贴

❸ 先对折纸艺铁丝,再用镊子把对折处夹扁;用对折端蘸取白乳胶,将其扎进泡沫花心固定。

## ◆ 粘贴花瓣

小花苞　　　　　大花苞　　　　　大花

**提示**

月季发梳由小花苞、大花苞和大花组成,它们的制作是层层递进的。其中,小花苞的制作是基础,大花苞在其基础上增加花瓣,而大花则在大花苞的基础上继续增加花瓣。

**小花苞**

❹ 在泡沫花心表面涂满白乳胶,取一片0号花瓣进行粘贴,注意花瓣顶端需捏紧粘牢。

❺ 粘贴第二片花瓣时，先在花瓣两头涂抹白乳胶，再与第一片花瓣相对粘贴，顶端捏紧。

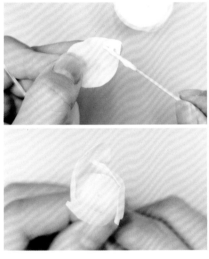

❻ 取3片0号花瓣，在花瓣根部涂抹白乳胶，顺着一个方向围绕花苞粘贴。这层花瓣需向外卷曲，可使用喷雾壶喷水润湿花瓣，也可通过哈气的方法润湿花瓣，再将花瓣顶端向外卷曲。

## 大花苞

❼ 在小花苞粘贴效果的基础上，取5片1号花瓣，在花瓣根部涂抹白乳胶，顺着一个方向，将花瓣一片压一片围绕花苞粘贴。

❽ 粘完5片花瓣之后,再对花瓣的造型进行调整,大花苞就做好了。

## 大花

大花苞

❾ 在大花苞的基础上粘贴5片2号花瓣,粘贴方法同上。粘贴好之后调整造型。

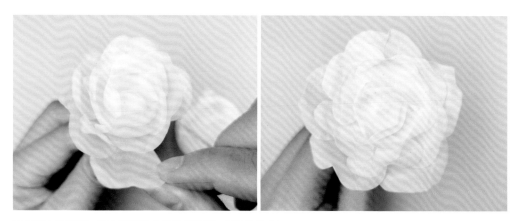

❿ 取5片3号花瓣,使用同样的方法进行粘贴,并调整造型。

◆ **制作花萼**

❶ 裁剪宽约2cm、长约12cm的通草纸长条。用剪刀将长条剪成15个梯形制作花萼,剪好后放在湿毛巾上
润湿。

修剪参考图纸

❷ 把梯形通草纸对折,参考"修剪参考图纸"从
窄头端修剪花萼,修剪完成后展开,花萼外形
如右图所示。

花萼外形

花萼塑形后的效果

❸ 把修剪好的花萼放在掌心,用大丸棒小头轻压花萼,再将花萼尖端弯曲。参照以上方法依次完成剩余花
萼的塑形,每朵花需5片花萼,总共需要15片花萼。

## ◆ 上色

⓮ 准备深黄色和大红色油画颜料。在油画颜料稀释剂中加入少量大红色颜料,并搅拌均匀。用画笔将混合后的颜料均匀涂刷在花瓣的两面上。

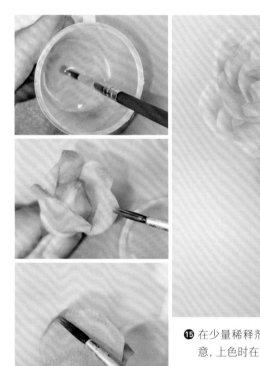

⓯ 在少量稀释剂中加入深黄色颜料,搅拌均匀,在花瓣尖端上色。注意,上色时在花瓣两面尖端上色,让颜色自然向下晕染。

**提示**

月季花的花萼上色以及2片叶片的制作,可以参考蔷薇花的制作教程。

## ◆ 粘贴花萼

❶ 在花萼根部涂抹白乳胶，把花萼粘贴在两片花瓣之间，正好遮住露出来的泡沫花心。继续使用相同的方法粘贴剩余的花萼。

## ◆ 组装月季发梳

❶ 剪一段QQ线，在花萼底部打结，向下缠绕约4cm，再次打结收尾。继续使用相同的方法完成其他花枝。

❶ 把小叶片拼组在小花苞的枝干上，另剪一根QQ线绑定并缠绕，向下依次接大花苞、大叶片、大花，最后剪掉多余的纸艺铁丝。

❶ 把做好的花和发梳配件用QQ
线缠绕在一起，月季发梳就制
作完成了。

通草花除了用来制作古风头饰，也可以用来制作适合日常穿搭的首饰，如耳环、胸针、发卡、戒指等。

接下来以绣球花为例，学习制作适合日常穿搭的绣球花胸针。

绣球花胸针

# 制作准备

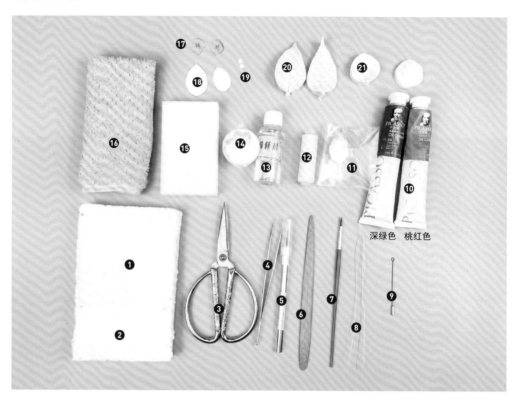

深绿色　桃红色

❶ 通草纸和球针

❷ 泡沫垫

❸ 剪刀

❹ 镊子

❺ 刻刀

❻ 竹划子

❼ 画笔

❽ 纸艺铁丝

❾ 胸针配件

❿ 油画颜料

⓫ 超轻黏土

⓬ QQ线

⓭ 油画颜料稀释剂

⓮ 白乳胶

⓯ 海绵垫

⓰ 湿毛巾

⓱ 绣球花花瓣模板

⓲ 绣球花叶片模板

⓳ 宣纸小圆片

⓴ 绣球花叶片纹理模具

㉑ 绣球花花瓣纹理模具

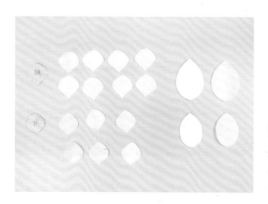

## 提示

大花瓣4片1朵花,做2朵大花。

小花瓣3片1朵花,做2朵小花。

大、小叶片各1片。

# 制作步骤

## ◆ 花瓣和叶片塑形

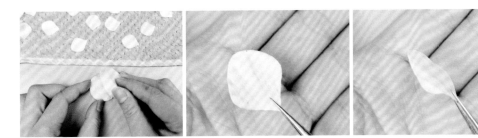

❶ 把花瓣放在湿毛巾上润湿, 再放入花瓣纹理模具中, 给花瓣压出纹理。

❷ 叶片润湿之后, 放入叶片纹理模具中压出纹理。

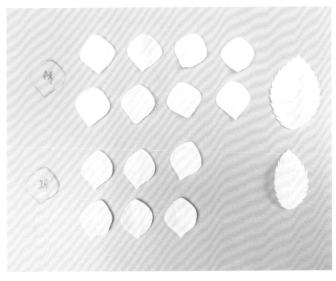

所有花瓣和叶片塑形后的效果

◆ **粘贴花瓣**

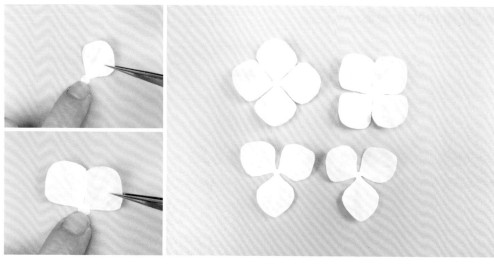

❸ 围绕宣纸小圆片粘贴花瓣，大花粘贴4片大花瓣，小花粘贴3片小花瓣，注意花瓣分布要均匀。

❹ 取4根纸艺铁丝，用镊子把一端弯成一个圆圈，再对折，让圆圈的平面与杆子垂直相交。

❺ 用圆圈蘸取白乳胶，将其粘在绣球花背面的宣纸小圆片上。

## ◆ 粘贴叶片

❻ 在纸艺铁丝上涂抹白乳胶，对齐叶片背面的主叶脉粘贴。

## ◆ 上色

❼ 取桃红色和深绿色油画颜料，用稀释剂调和，桃红色只需少量颜料，用画笔搅拌均匀，调出浅浅的颜
色。为花瓣两面均匀涂上桃红色，为叶片两面均匀涂上深绿色。

**提示**

在上色时也可以为纸艺铁丝涂上相应的颜色，花朵的纸艺铁丝涂桃红色，叶片的纸艺铁丝涂深绿色。

## ◆ 制作花心

❽ 在白色超轻黏土中加入少量桃红色油画颜料，不停拉扯、揉捏超轻黏土，直到颜色均匀。再取一小块超
轻黏土，揉成小球。

❾ 用竹划子在小球上戳十字, 再制作3个这样的花心。

❿ 在小球背面蘸上白乳胶, 将它粘在绣球花的中心位置。

◆ **组装绣球胸针**

⓫ 用QQ线把叶片和花朵打结固定, 往下缠绕固定, 并依次添加剩余的花朵和叶片。

**提示**

选择QQ线的颜色时, 请参考花瓣颜色, 选择与花瓣颜色相似的QQ线。

⓬ 剪掉多余的纸艺铁丝, 再衔接胸针配件, 继续缠绕QQ线。

⓭ 收尾处把QQ线打结。

一

桂花
荷花
芍药

一

第五章

◆

通草花瓶插花枝制作教程

◆

使用通草纸制作的通草花几乎与
真花毫无二致。随着技艺日益精
湛，我们可以尝试制作花枝，并
根据居住环境的特点，尝试各种
风格的瓶插，以装饰居住环境。

◆ 蜡梅

◆ 牡丹

◆ 月季

◆ 莲花

桂花

# 制作准备

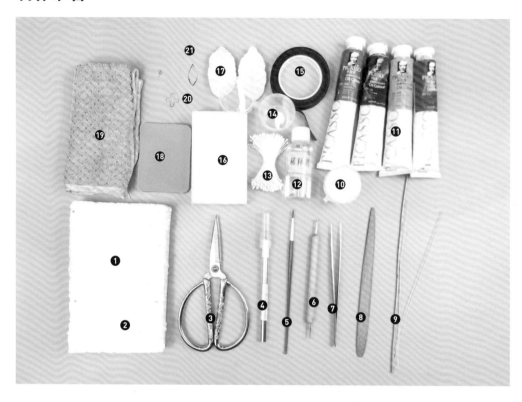

❶ 通草纸和球针

❷ 泡沫垫

❸ 剪刀

❹ 刻刀

❺ 画笔

❻ 小丸棒

❼ 镊子

❽ 竹划子

❾ 纸艺铁丝

❿ 白乳胶

⓫ 油画颜料

⓬ 油画颜料稀释剂

⓭ 石膏仿真花心

⓮ 分装盒

⓯ 棕色纸艺胶带

⓰ 海绵垫

⓱ 桂花叶片纹理模具

⓲ 硅胶垫

⓳ 湿毛巾

⓴ 桂花花瓣模板

㉑ 桂花叶片模板

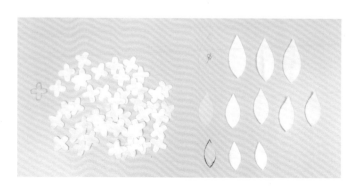

## 提示

花瓣数量大约为45片。

叶片分为大、中、小3个型号，大叶片准备3片，中叶片准备4片，小叶片准备2片。

# 制作步骤

## ◆ 花朵塑形

❶ 把花瓣放在湿毛巾上润湿,再用剪刀把边缘修剪整齐。

❷ 把花瓣放在硅胶垫上,用竹划子在4片花瓣中间划出划痕。

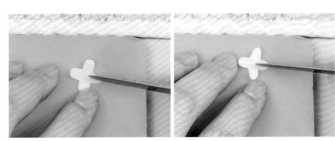

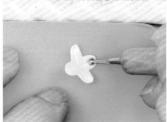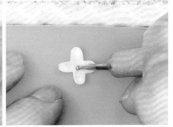

❸ 用小丸棒的大头压花瓣各角,用小头压花瓣中心。

桂花正面塑形后的效果　　　　　　　　桂花背面塑形后的效果

## ◆ 叶片塑形

❹ 把湿润的叶片放入叶片纹理模具中,压出纹理。

**叶片正面塑形后的效果**

**叶片背面塑形后的效果**

❺ 在纸艺铁丝上涂抹白乳胶,然后对齐叶片背面的主叶脉粘贴。

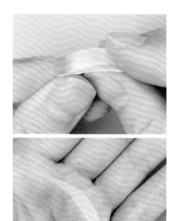

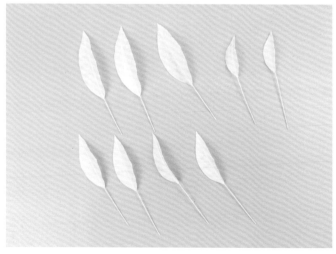

❻ 稍微弯曲纸艺铁丝,再把叶片两侧向中间聚拢,让平整的叶片有一个优美造型。

**叶片塑形后的效果**

## ◆ 花朵上色

❼ 在分装盒里加入大红色和深黄色油画颜料, 再加入少量稀释剂调和出浓稠的颜料。

❽ 把制作好的花朵倒入颜料中, 用画笔搅拌花朵, 让桂花染色均匀。

❾ 在桌面上垫一张纸, 把染色后的桂花倒在纸上晾干。

### 提示

油画颜料不易清除, 在晾干花朵时, 先在桌面上铺上纸张以保护桌面。

A4纸吸水性差, 桂花铺在上面不会掉色, 也可用不吸水的材料替代。

## ◆ 叶片上色

❿ 在分装盒里加入深绿色和土绿色油画颜料，加入少量稀释剂调和，用画笔为叶片上色。注意，需两面均匀上色。

正面

背面

⓫ 染色完成后，把叶片插在海绵垫上晾干。

## ◆ 制作花蕊

⓬ 用剪刀把仿真花蕊对半剪开，石膏头也需剪去一半。

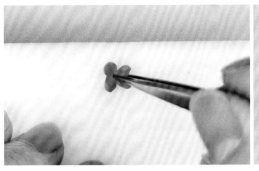

❸ 用镊子在桂花中心戳一个小洞,把处理好的仿真花蕊和桂花花瓣收集起来,拿出白乳胶备用。

❹ 在石膏头底部涂抹白乳胶,由上至下穿过桂花中心的小洞。所有花蕊制作完成后,按照4~5朵为一簇进行分组,取出晾干的叶片、纸艺胶带和纸艺铁丝备用。

◆ **组装花枝**

❺ 先用纸艺胶带缠绕纸艺铁丝,再依次添加3片叶片。

⓬ 依次添加桂花，添加时需一簇一簇添加，再使用相同的方法往下添加叶片和花簇，完成一枝桂花。

⓭ 使用相同的方法再做一枝桂花，注意把纸艺铁丝换成粗且长的铁丝。把两枝花拼在一起，微微弯曲花枝，调整造型，在花枝拼接处加入两簇桂花，继续往下缠绕纸艺胶带。

⓮ 取出为桂花上色的颜料，给花蕊上色；花梗的颜色较浅，用大量的稀释剂加少量的土绿色或深绿色油画颜料调色，给花梗上色。

荷花

# 制作准备

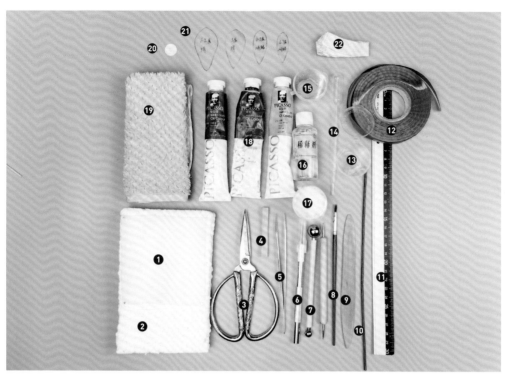

❶ 通草纸和球针
❷ 泡沫垫
❸ 剪刀
❹ 色粉棒
❺ 镊子
❻ 刻刀
❼ 大丸棒、小丸棒
❽ 画笔

❾ 竹划子
❿ 2号粗绿铁丝
⓫ 尺子
⓬ 绿色无胶胶带纸
⓭ 分装盒
⓮ 滴管
⓯ 绿色树脂黏土
⓰ 油画颜料稀释剂

⓱ 白乳胶
⓲ 油画颜料
⓳ 湿毛巾
⓴ 宣纸小圆片
㉑ 荷花花瓣模板
㉒ 餐巾纸

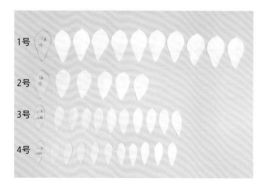

1号
2号
3号
4号

## 提示

1号花瓣10片(2层，1层5片)。
2号花瓣5片。
3号花瓣10片(2层，1层5片)。
4号花瓣10片(2层，1层5片)。

# 制作步骤

## ◆ 花瓣塑形

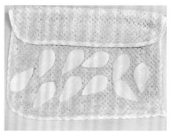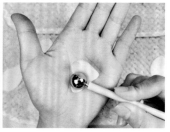

❶ 先把花瓣放在湿毛巾上润湿，然后把花瓣放在掌心，用大丸棒来回滚动进行塑形。

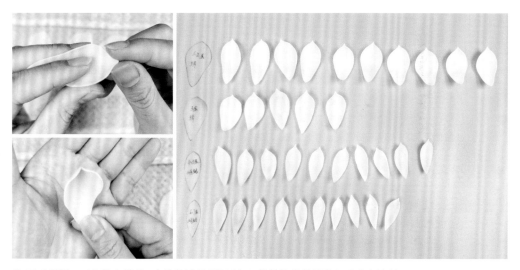

❷ 用手指捏一下花瓣尖端处，这片花瓣就塑好形了。将其他花瓣都按照这个方法处理。

## ◆ 粘贴花瓣

❸ 取1片1号花瓣，用花瓣根部蘸取白乳胶，把花瓣贴在小圆片上。用相同的方法粘贴剩下的4片花瓣。注意，5片花瓣围绕小圆片均匀分布。

❹ 继续取5片1号花瓣，与第一层花瓣交错粘贴。粘贴完成后，用大丸棒轻压粘贴处，使粘贴处变薄。

1层2号花瓣　　　　　　　2层3号花瓣　　　　　　　2层4号花瓣

❺ 依据以上方法，依次粘贴1层2号花瓣、2层3号花瓣、2层4号花瓣。注意，每层花瓣皆为5片，每粘贴完一层花瓣，都需使用大丸棒轻压粘贴处，使其变薄。

## ◆ 捏小莲蓬

❻ 取一小块黄绿色树脂黏土，先搓成水滴状，再把圆头端压平，大致形成一个圆锥体。

### 提示

可用油画颜料为树脂黏土上色，所以购买树脂黏土时可选择白色。
因树脂黏土有一定的透明度，需先在树脂黏土中加入少量白色颜料，使其透明度降低，再加入调配的油画颜料，揉搓均匀后即可得到所需颜色。黏土颜色太深时，可加入白色黏土，黏土颜色就会变浅。

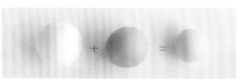

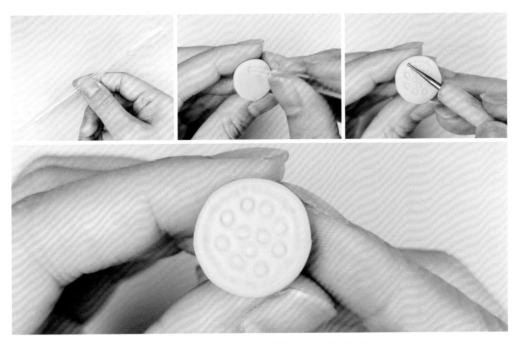

❼ 用滴管在平面上压出小圆作为莲子，再用小丸棒在边缘压一圈，制作纹理。

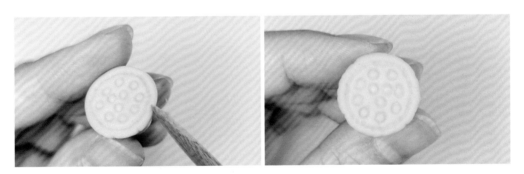

❽ 用竹划子在小莲蓬外缘压出凹凸不平的表面。

❾ 用竹划子在色粉棒表面刮动，刮出粉末，用画笔蘸取粉末并在小莲蓬上刷色。

## ◆ 制作花蕊

❿ 裁剪出宽约2cm、长约20cm的通草纸长条，放在湿毛巾上将其润湿。

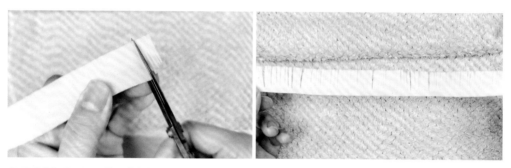

⓫ 通草纸湿润后，用剪刀将其剪成细条状，并再次使用湿毛巾将其润湿。

⓬ 通草纸湿润后，将其对折至无法再对折，用手指捏紧底端。

⓭ 用手指揉搓纸团细条端,使细条散开,并向外卷曲。用手指由下往上捏扁通草纸,预留细条顶部3mm左右的部分作为花药,此处不需捏扁。最后将其晾干备用。

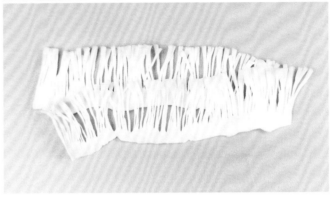

◆ **组装小莲蓬和花蕊**

⓮ 用镊子在小莲蓬底部戳一个洞,用粗铁丝蘸取白乳胶,再扎入莲蓬底部。

⓯ 在细条下侧涂抹白乳胶,将其与莲蓬底部对齐并进行粘贴。

### ◆ 上色

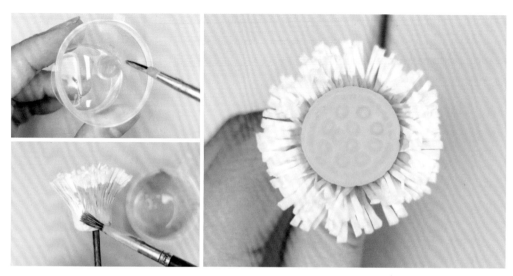

⓰ 取少量稀释剂，加入深黄色油画颜料，用画笔调和均匀，给花蕊上色。注意，花蕊部分也可以先上色，后粘贴。

⓱ 取大量稀释剂，加少量深黄色油画颜料，调出很稀、很浅的黄色，给每片花瓣的根部上色。

❸ 用大量稀释剂和少量玫瑰红色油画颜料调出稀且浅的颜色，为荷花花瓣的上半部分上色。上色时由尖端向下上色，正反两面都需上色。

❹ 在刚才的颜料中加入玫瑰红色油画颜料，让颜色变深，在花瓣尖端叠加颜色。

## ◆ 组装成品

❷⓪ 用镊子在荷花中间扎个洞，在花蕊底部抹上白乳胶，让花蕊自上而下穿过花的中心与花瓣粘贴。

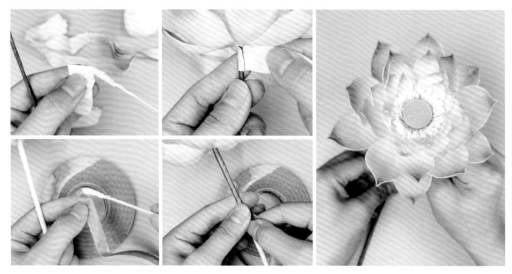

❷① 在纸巾条一端涂抹白乳胶，由上往下缠绕粗铁丝，多缠几层，缠到一定的粗度，再用无胶胶带纸在外面缠绕一层。

❷❷ 花萼的制作方法与花瓣的制作方法相同，大家可选用2号和3号花瓣随意组合，用较稀的绿色油画颜料给尖端上色，最后将花萼粘贴在花朵底部。

# 制作准备

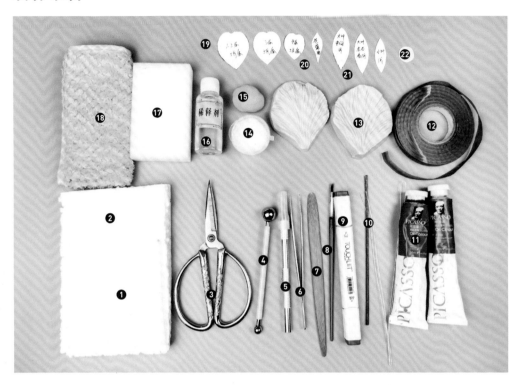

❶ 通草纸和球针

❷ 泡沫垫

❸ 剪刀

❹ 大丸棒

❺ 刻刀

❻ 镊子

❼ 竹划子

❽ 画笔

❾ 马克笔

❿ 2号粗绿铁丝、纸艺铁丝

⓫ 油画颜料

⓬ 绿色无胶胶带纸

⓭ 芍药花瓣硅胶纹理模具

⓮ 白乳胶

⓯ 绿色树脂黏土

⓰ 油画颜料稀释剂

⓱ 海绵垫

⓲ 湿毛巾

⓳ 芍药花瓣模板

⓴ 芍药花萼模板

㉑ 芍药叶片模板

㉒ 宣纸小圆片

1号

2号

3号

大号叶片、
中号叶片

小号叶片

花萼

## 提示

1号花瓣5片(5片为1层,可准备2层花瓣,即10片)。

2号花瓣5片。

3号花瓣5片。

大号叶片与中号叶片组成一组,需1片大号叶片,2片中号叶片。

小号叶片1片。

花萼5片。

# 制作步骤

## ◆ 花瓣塑形

❶ 用湿毛巾将花瓣润湿后，使用花瓣纹理模具压出花瓣的纹理。趁着花瓣湿润，用大丸棒轻轻压花瓣进行塑形。

## ◆ 花萼塑形

❷ 用湿毛巾将花萼润湿后，使用大丸棒压花萼进行塑形，将尖头端往外弯一下。

## ◆ 叶片塑形

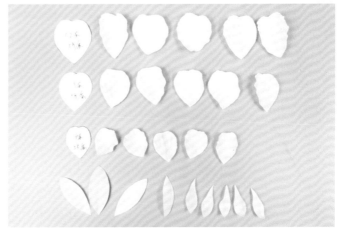

❸ 先用湿毛巾润湿叶片，再使用
竹划子画出叶脉。

**塑形后的效果**

## ◆ 粘贴花瓣

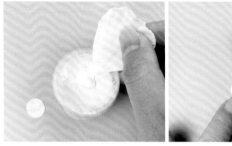

❹ 准备好宣纸小圆片和白乳胶。用花瓣尖头蘸取白乳胶，从1号大花瓣开始粘贴，粘好后等白乳胶晾干，用大丸棒轻轻压一下中间，以免堆积太厚。注意，之后每粘贴一层花瓣，都需使用大丸棒压实中间粘贴处。

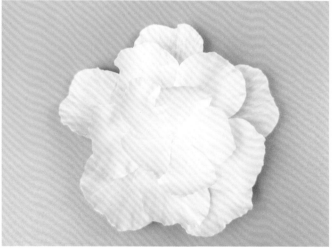

❺ 以交错的方式粘贴第二层和第三层花瓣，每粘贴完一层花瓣，等白乳胶晾干后便使用大丸棒压实。

## ◆ 粘贴叶片

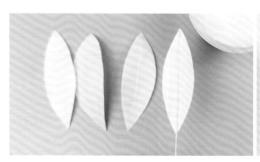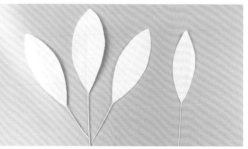

❻ 将纸艺铁丝粘在叶片上作为主叶脉。注意，大叶片的纸艺铁丝需长一些，以便之后的组合。

❼ 在无胶胶带纸上涂抹白乳胶，取一片大叶片和中号叶片拼在一起，然后缠绕一圈，在背面同一位置接上另一片叶片，继续缠绕组装。收尾后对着叶片哈口气，叶片微潮后塑一下形。

◆ 上色

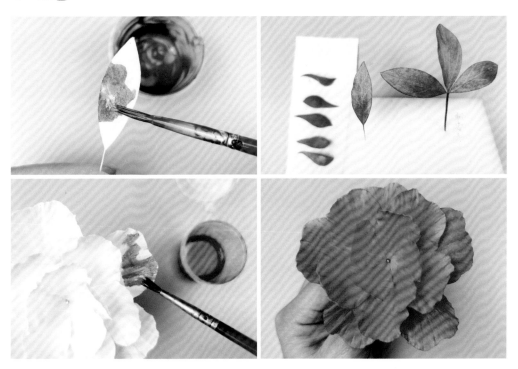

❽ 用稀释剂分别调和深红色和绿色油画颜料，为叶片、萼片和花朵上色。

## ◆ 制作花蕊（雄蕊）

❾ 裁剪出宽约2cm的通草纸长条，用湿毛巾润湿长条，然后把一侧剪成一根根的细条，剪好后将通草纸放回湿毛巾中继续润湿。

❿ 将花蕊润湿后，将其对折，再对折，然后捏花蕊，用手指轻轻搓揉。

⓫ 用稀释剂调和出饱和的深黄色，为花蕊均匀上色。

## ◆ 制作花蕊（雌蕊）

❶ 取绿色黏土，然后分成5等份，将黏土搓成水滴状，用竹划子把尖头端压扁。

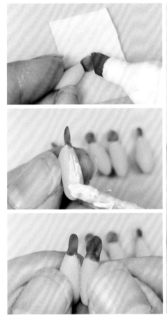

❸ 用马克笔把压扁的部分涂成红色，用白乳胶把5个雌蕊粘在一起。注意，如担心粘贴时黏土被挤压变形，可先将黏土晾干再粘贴。

❹ 取一根绿铁丝，用铁丝一端蘸取白乳胶，穿入雌蕊底部。

❶❺ 在雄蕊根部涂抹白乳胶,围绕雌蕊底部区域一圈圈粘贴。

◆ **组装**

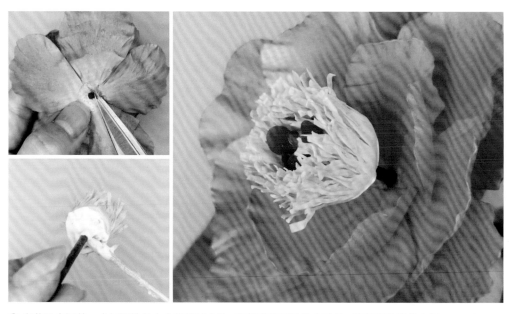

❶❻ 在花朵中间剪一个与绿铁丝大小相符的小孔,在花蕊底部涂抹白乳胶,将其穿进花朵中间。

⓱ 在花萼圆头端涂抹白乳胶, 贴在两片花瓣交界处, 使用相同的方法粘贴其余花萼。

⓲ 在无胶胶带纸头部涂抹白乳胶, 再将胶带由上至下缠绕, 并依次添加单片叶片和一组叶片, 收尾时用白乳胶固定。

小雏菊摆件
露水玫瑰摆件
茶花相框摆件

第 六 章

通草花花卉摆件制作教程

小摆件是装饰家居或办公室的绝佳选择，通草花作为一种独特而精美的装饰元素，也可以被巧妙地应用到小摆件领域中，为我们的生活空间增添无尽的趣味和魅力。例如，将通草花装裱在相框中、悬挂在墙上或摆放在桌子上，或者将它们置于玻璃罩等透明容器中，甚至可以作为特别的礼物赠送给亲朋好友。

小雏菊摆件

123

# 制作准备

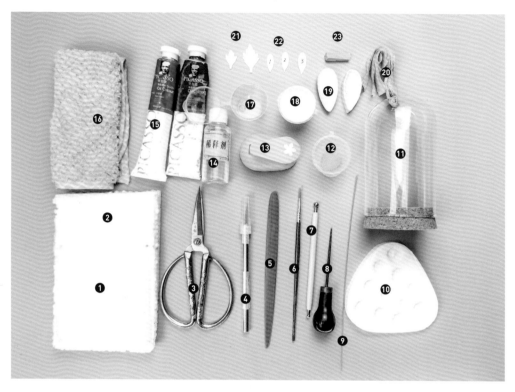

❶ 通草纸和球针
❷ 泡沫垫
❸ 剪刀
❹ 刻刀
❺ 竹划子
❻ 画笔
❼ 小丸棒
❽ 锥子

❾ 绿色纸艺铁丝
❿ 小雏菊花蕊模具
⓫ 玻璃罩
⓬ 绿色树脂黏土
⓭ 压花器
⓮ 油画颜料稀释剂
⓯ 油画颜料
⓰ 湿毛巾

⓱ 分装盒
⓲ 白乳胶
⓳ 小雏菊花瓣纹理模具
⓴ 条状纸巾
㉑ 小雏菊叶片模板
㉒ 小雏菊花瓣模板
㉓ 色粉棒

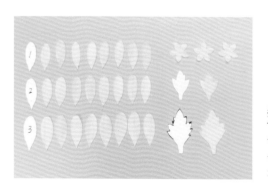

## 提示

依据1~3号花瓣模板各刻8片花瓣。
依据叶片模板,大、小叶片各刻1片(可多做几片)。
花萼3片。

# 制作步骤

## ◆ 花瓣塑形

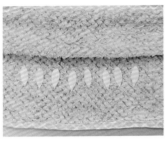 

❶ 用湿毛巾润湿花瓣,再用剪刀修剪花瓣(修剪毛边)。

方法1

  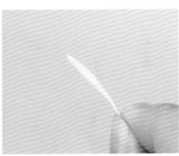

方法2

❷ 常见的花瓣塑形方法有两种。一是使用花瓣纹理模具压出纹理,二是用竹划子画出纹理。使用方法2为花瓣塑形后,还需使用丸棒压花瓣。

❸ 为最小的1号花瓣塑形后,还需捏一下尖头端。

## ◆ 叶片和花萼塑形

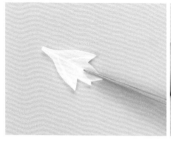  

❹ 先用湿毛巾润湿叶片，再用竹划子画出叶片纹理，轻轻地弯一下叶片，使叶片的造型有一个弯曲弧度。

 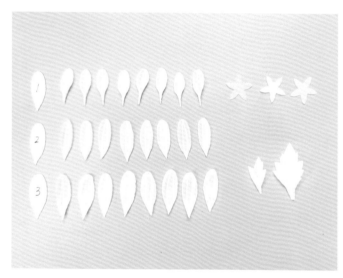

❺ 用剪刀修剪一下花萼的外形。

**所有花瓣、叶片、花萼塑形完成后的效果**

## ◆ 制作花蕊

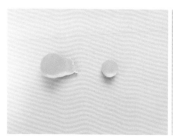  

❻ 取一小块绿色黏土搓成小球，用花蕊模具压出花蕊的纹理。

❼ 把黏土从模具中取出,修剪掉
多余的部分。

❽ 把纸艺铁丝卷成螺旋圈,蘸取
白乳胶贴于花蕊背面。

❾ 剪一个小圆片,穿过纸艺铁丝
与花蕊粘贴。

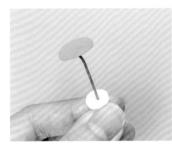

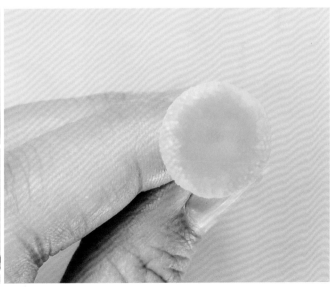

❿ 用色粉为花蕊上色。

## ◆ 粘贴花瓣和花萼

1号花瓣粘贴完效果

2号花瓣粘贴完效果

3号花瓣粘贴完效果

⓫ 从1号花瓣开始粘贴,以十字定位法(先贴十字,再贴米字)把1号花瓣粘贴在花蕊背面。第二层花瓣与第一层花瓣交错分布,第三层花瓣与第二层花瓣交错分布。

⓬ 花瓣粘贴完成后得到的是白色雏菊。如需制作粉色或其他颜色的雏菊,则可以参考前面介绍的花瓣上色方法为花瓣上色,并再一次为花蕊上色。

**提示**

参考第二章的教程步骤,为花萼、叶片上色。

⓭ 将纸艺铁丝穿过花萼中心，在花萼上涂抹白乳胶，把花萼粘在花朵背面。使用相同的方法依次粘贴剩下的2片花萼。注意，需让花萼交错分布。

**提示**

宣纸、餐巾纸、无胶胶带纸都可以作为包杆的材料，就近取材即可。

◆ **组装**

⓮ 在条状纸巾的一端涂上白乳胶，把条状纸巾由上至下缠绕在纸艺铁丝上，尾端依旧使用白乳胶粘贴固定。

⓯ 在叶片根部涂抹白乳胶，把叶片粘在花朵的枝干上。

⓰ 稍微调整一下花枝的形态，用为叶片上色的颜料为花枝上色。

⓱ 用锥子在玻璃罩的底座上戳一个孔，把小雏菊插入小孔固定，盖上玻璃罩，小雏菊摆件制作完成。如有草粉也可用白乳胶在底座上粘一层草粉作为草皮，再摆放一些别的装饰。

露水玫瑰摆件

# 制作准备

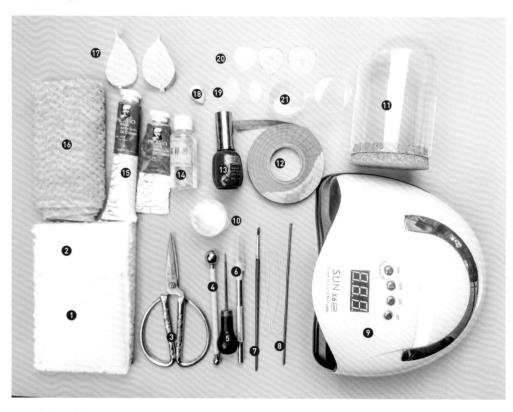

① 通草纸和球针
② 泡沫垫
③ 剪刀
④ 大丸棒
⑤ 锥子
⑥ 刻刀
⑦ 画笔
⑧ 纸艺铁丝、绿铁丝
⑨ 紫外线灯
⑩ 白乳胶
⑪ 玻璃罩
⑫ 绿色无胶胶带纸
⑬ 甲油胶
⑭ 油画颜料稀释剂
⑮ 油画颜料
⑯ 湿毛巾
⑰ 玫瑰叶片纹理模具
⑱ 泡沫花心
⑲ 玫瑰叶片模板
⑳ 玫瑰花瓣模板
㉑ 分装盒

## 提示

玫瑰花花朵的制作请参考月季花花
朵的制作，叶片的制作则参考蔷薇
花叶片的制作。因这两部分的制作
方法已有教程参考，以下制作步骤
便不再讲解。

1片大

2片小

# 制作步骤

## ◆ 叶片组装及上色

❶ 在纸艺铁丝上涂抹白乳胶, 将其粘贴在叶片背面的主叶脉处, 中间的大叶片需预留长一点的纸艺铁丝, 两片小叶片则预留短一些。

❷ 用丸棒压一下纸艺铁丝, 让铁丝更贴合叶片。

❸ 在无胶胶带纸端口涂抹白乳胶, 紧贴大叶片的根部与纸艺铁丝粘贴, 向下缠绕6~7圈。

❹ 接上一片小叶片, 并把叶片向一侧弯折, 继续缠绕一圈无胶胶带纸, 在同一位置的反方向接上另一片小叶片。

❺ 继续缠绕无胶胶带纸,收尾处用白乳胶粘牢。

正面

背面

❻ 在稀释剂中加入沙普绿色油画颜料,颜料稍微多一些,调出比较饱和的绿色,为叶片均匀上色。注意,叶片的正反面都需均匀上色。

## ◆ 制作球状花托

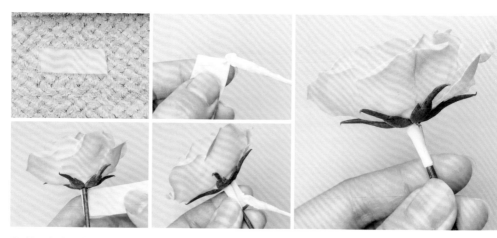

❼ 剪一小片通草纸,用湿毛巾润湿,在通草纸一端涂抹白乳胶,紧贴着花萼与枝干粘贴并缠绕在杆子上,尾端粘贴牢固后把下面部分捏紧一些,使球状花托上粗下细。

❽ 用无胶胶带纸缠绕花杆。先在端口涂抹白乳胶, 紧贴花托与花萼衔接处粘贴, 向下缠绕一段距离后加入叶片, 继续向下缠绕花杆直至末端。

❾ 用锥子在玻璃罩的底座上戳一个孔, 将花杆底部涂上白乳胶, 并将玫瑰插入底座中。

## ◆ 制作露珠

⓾ 制作露珠需要使用甲油胶和紫外线灯。首先使用甲油胶在花瓣上进行点胶,然后使用紫外线灯将其照干。请注意,露珠的制作需要反复进行多次才能完成。在点胶时,应采取少量多次的方式,每点一次胶就去照干,一直重复这个过程。

⓫ 将叶片和花朵上都点上露珠,露水玫瑰就做好了。

茶花相框摆件

喜樂

# 制作准备

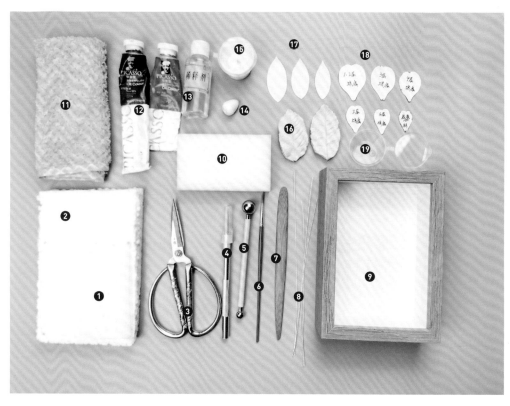

❶ 通草纸和球针

❷ 泡沫垫

❸ 剪刀

❹ 刻刀

❺ 大丸棒

❻ 画笔

❼ 竹划子

❽ 纸艺铁丝

❾ 相框

❿ 海绵垫

⓫ 湿毛巾

⓬ 油画颜料

⓭ 油画颜料稀释剂

⓮ 泡沫花心

⓯ 白乳胶

⓰ 茶花叶片纹理模具

⓱ 茶花叶片模板

⓲ 茶花花瓣模板

⓳ 分装盒

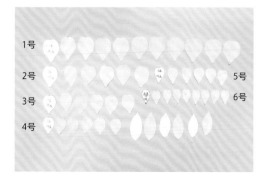

1号

2号

3号

4号

5号

6号

## 提示

茶花所需的花瓣型号与数量如下。

1号花瓣，共10片，为1~2层的花瓣。

2~5号花瓣，各5片，为3~6层的花瓣。

6号花瓣，共8片，为花苞使用。

茶花需3片叶片，分大、中、小3个型号。

# 制作步骤

## ◆ 1 号和 2 号花瓣塑形

❶ 先用湿毛巾把花瓣润湿,再用剪刀修剪花瓣边缘。茶花的花瓣是很光滑的,在塑形前需要把花瓣边缘的毛边修剪掉,修剪完成再次用湿毛巾润湿花瓣。

❷ 将花瓣放置在掌心中,使用大丸棒压两边,然后来回滚动丸棒,为花瓣塑形。

## ◆ 3 号至 6 号花瓣塑形

❸ 在1~2号花瓣塑形的基础上,用手指捏住花瓣的左右两边,让花瓣向内侧卷。

## ◆ 叶片塑形

❹ 先用湿毛巾润湿叶片，再将其放入叶片纹理模具中压制纹理，放置叶片时以主叶脉为参考左右对齐。

所有花瓣和叶片塑形完成后的效果

## ◆ 粘贴花瓣

❺ 取宣纸或通草纸剪出小圆片，用白乳胶将1号花瓣粘贴在小圆片上，5片花瓣为1层，需粘贴2层。注意，花瓣粘贴完成后，待胶水晾干需用大丸棒压扁粘贴处，底层花瓣与上层花瓣需交错粘贴。

❻ 使用相同的方法依次粘贴2~5号花瓣，花瓣粘贴完后总共6层。

❼ 把纸艺铁丝对折并蘸取白乳胶，将其插入泡沫花心底部，在泡沫花心表面涂满白乳胶。

❽ 花苞共有2层花瓣，每层有4片花瓣。首先以左右对称的方式粘贴第1层花瓣。第1片花瓣可以直接粘贴，尖端要捏紧，第2片花瓣与第1片花瓣左右对称粘贴。同理，粘贴第3、第4片花瓣，让4片花瓣把整个泡沫花心包裹起来。

**❾** 花苞第2层的4片花瓣应以环绕的方式粘贴。首先在花瓣根部涂上白乳胶，然后围绕花苞依次粘贴这4片花瓣。

**❿** 将花苞放入大花中，观察效果。如果花苞凸出过多，可以将泡沫花心底部修剪掉，使其更加贴合大花。

**⓫** 在花苞底部涂白乳胶，然后穿进大花中间与其粘贴。同时，取纸艺铁丝和叶片，对齐叶片的主叶脉粘贴纸艺铁丝。

**提示**

茶花的花瓣使用大红色油画颜料，叶片使用土绿色油画颜料。上色方法请参考第二章的上色教程，注意两面均匀上色。

◆ **装框**

⓬ 对着叶片哈气，使其略微潮湿，然后进行塑形，剪去花朵和叶片上多余的纸艺铁丝。

⓭ 先在相框底板上摆放花朵和叶片，进行简单构图，然后依次粘贴花朵和叶片。注意，叶片粘贴完后正面应不能看到铁丝，且叶片需稍微立起。相框底板还可以进行别的装饰，例如题字、涂底色等。

一

第 七 章

◆

通草花其他作品欣赏

◆

◆
红
玫
瑰
◆

◆
白
玫
瑰
◆

◆
茉
莉
◆

◆ 葡萄 ◆

◆ 桂花 ◆

◆ 彼岸花 ◆

◆ 红枫 ◆

153

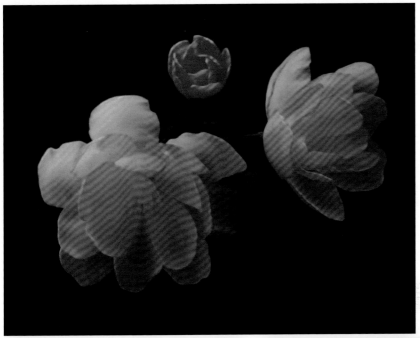

◆ 重瓣樱花 ◆

◆ 山桃花 ◆

梅花

◆ 玉兰 ◆

◆ 水仙 ◆

◆ 竹 ◆

◆ 风雨兰 ◆

◆ 菊花 ◆

◆
睡蓮
◆

◆ 牡丹 ◆

春

藤蔓残红犹吐芳
佳名唤作百花王

◆ 紫藤 ◆

◆ 琼花 ◆